**DAS
NEUROAFFEKTIVE
BILDERBUCH 3**

Marianne Bentzen und Susan Hart

DAS NEUROAFFEKTIVE BILDERBUCH 3

Erwachsenenalter, lebenslange Entwicklung und Weisheit

Illustrationen: Kim Hagen

NAP Books

Das neuroaffektive Bilderbuch 3
Erwachsenenalter, lebenslange Entwicklung und Weisheit

Copyright Marianne Bentzen, Kopenhagen 2023

Dänische Ausgabe: Den Neuroaffektive Billedbog 3, Den livslange udvikling, veröffentlicht im Hans Reitzels Forlag, Kopenhagen, 2023.
Übersetzung aus dem Dänischen ins Englische: Marianne Bentzen.
Übersetzung der englischen Ausgabe ins Deutsche: Dr. Birgit Mayer.
Lektorat der englischen und deutschen Ausgabe Tatjana Lehmann.
Layout von Louise Glargaard Perlmutter/Louises design.

Inhaltsverzeichnis

Vorwort 7

Einleitung 9

Kapitel 1
Lebensthemen und kulturelle Rahmenbedingungen 11
    Kulturelle Werte und Archetypen 11
    Statusmuster 13
    Wertesysteme auf der Welt 15
    Stress und Gesellschaft 20
    Kultur und Persönlichkeitsentwicklung 20

Kapitel 2
Der Einfluss der Kindheit auf das Erwachsenenalter 23
    Bindungsmuster 24
    Ebenen der mentalen Entwicklung – die emotionalen Lebensthemen 27
    Entwicklung der Mentalisierungsfähigkeiten 29
    Stagnation und Selbstschutz 37

Kapitel 3
Die neuroaffektive Entwicklung im Erwachsenenalter 41
    Wann ist das Gehirn reif? 41
    Weisheit und Mentalisieren 43

Kapitel 4
18 bis 23 Jahre – Suchen und Finden 48
    Gehirnentwicklung 48
    Sich Ausprobieren, Ausbildung und Ausrichtung im Leben 49
    Die Jahre der Neugierde und des gesellschaftlichen Umbruchs 50
    Freundschaften und Beziehungen 51
    Lebenskrisen und das Gefühl, unglücklich zu sein 51

Kapitel 5
23 bis 30 Jahre – Ausrichtung im Leben und Partnerschaft 53
    Nestbau 54
    Beruf 55
    Lebenskrisen und Unzufriedenheitsgefühle 56

Kapitel 6

30 bis 40 Jahre: Konsolidierung des Familienlebens und Kooperation . . . 57
    Beruf und Familie 58
    Zusammenarbeit in Elternschaft und Beziehung 59
    Persönliche Entwicklung 61
    Lebenskrisen 62

Kapitel 7

40 bis 50 Jahre – Existenzielle Reflexion und der neue innere Weg 64
    Von Kindern in der Pubertät und Kindern, die ausziehen 65
    Berufliche Konsolidierung 66
    Persönliche Entwicklung 67
    Existenzkrisen 68

Kapitel 8

50 bis 60 Jahre – Innere Kontemplation 70
    Der Beruf 71
    Persönliche Entwicklung 72
    Enkel und das Leben als Ältere 73
    Lebenskrisen 74

Kapitel 9

60 bis 70 Jahre – Vertiefung der Weisheit 75
    Familie 77
    Konsolidierung und Abschluss langfristiger Lebensprojekte 78
    Lebenskrisen 79

Kapitel 10

70 bis 80 Jahre – Existenzielle Loslösung 80
    Weisheitsprozesse 80
    Das Teilen von Lebenserfahrungen 82
    Lebenskrisen 83

Kapitel 11

80 bis zum Tod – die Vorbereitung aufs Sterben 84
    Das Lebensende und der Sterbeprozess 84
    Wenn unsere Lieben sterben 84
    Lebenskrisen 85
    Unser eigenes Altern und Sterben 86

Zum Abschluss 88

Literatur 89

Vorwort

Oft werden wir gefragt: „Warum schreibt Ihr Bilderbücher? Schreibt Ihr für Kinder?" Doch das vorliegende Buch, so wie auch die ersten beiden neuroaffektiven Bilderbücher, haben wir tatsächlich für Erwachsene geschrieben. Sie sollen unser intuitives Gespür für die Entwicklungsprozesse des Lebens auf der Körperebene erwecken, wo es keiner Worte bedarf, denn dann laufen wir nicht so sehr Gefahr, mit unserem Verständnis im Kopf steckenzubleiben. Viele von uns verfügen über viel Wissen, über das sich gut nachdenken lässt, das aber nicht in den Bereich der Gefühle und Empfindungen vordringt. Es zeigt sich immer wieder, dass viele Menschen das Leben fühlen wollen, anstatt es nur zu verstehen. Das lässt sich mit einem Buch natürlich nur schwer erreichen, doch wenn es reich illustriert ist, kann die Lektüre ein erster Schritt bzw. einer der Schritte dazu sein.

Mit dem vorliegenden Buch gibt es nun drei solcher neuroaffektiver Bilderbücher. Jedes kann für sich stehen, und zusammen ergeben sie eine Trilogie.

Das neuroaffektive Bilderbuch, das erste Buch in dieser Serie, handelt primär von den zentralen Entwicklungsprozessen in den ersten Lebensjahren. Es umreißt auch kurz, wie sich Selbstbeherrschung und die Einsicht in sich selbst und andere im weiteren Verlauf des Lebens entwickeln.

Das Buch wurde bisher in acht Sprachen veröffentlicht.

In *Das neuroaffektive Bilderbuch 2* geht es um die Entstehung der Persönlichkeit aus der Perspektive unserer westlichen Kultur. Es beleuchtet das Leben von Kindern, Jugendlichen und jungen Erwachsenen vom 2. bis zum 20. Lebensjahr. In diesen Jahren bildet sich die Persönlichkeit heraus, mit der wir ins Erwachsenenleben eintreten.

Das neuroaffektive Bilderbuch 3, das Sie hier in den Händen halten, befasst sich mit den Entwicklungsstufen des Erwachsenenalters ab dem 20. Lebensjahr bis zum natürlichen Lebensende im hohen Alter. Die Forschung zur Gehirnentwicklung im Erwachsenenalter hat gezeigt, dass sich alle unsere wichtigen Persönlichkeitskompetenzen weiterentwickeln und an die unterschiedlichen Kulturen anpassen, in denen wir leben. Dies geschieht unabhängig davon, ob wir allein leben, oder mit einem Partner bzw. einer Partnerin und Kindern oder zusammen mit anderen Familienmitgliedern. Diese Entwicklung gilt auch für unsere Beziehung zu Freunden, zu Arbeitskollegen und zu der Gesellschaft, in der wir leben.

Dieses Buch richtet sich an alle, die sich für eine einfache und auf den Körper bezogene Beschreibung der Reifungsprozesse im Erwachsenenalter auf Basis der Gehirnentwicklung und des Lebens in einem bestimmten kulturellen Kontext interessieren. Wir werden uns dazu mit den Mustern befassen, die sich zwar zunächst im Kindes- und Jugendalter entwickeln, aber auch beim Erwachsenen noch entweder als Ressourcen zur Verfügung stehen, hemmend wirken oder die Tendenz zur Resignation erzeugen. Wir hoffen, dass dieses Buch uns allen helfen kann, unser eigenes Leben und das Leben anderer Erwachsener besser zu verstehen.

Viel Freude bei der Lektüre!

Marianne und Susan

Einleitung

Wenn wir aufwachsen, finden im Gehirn zur Anpassung an neue Umweltbedingungen immer wieder biologische Veränderungen statt. Dies geschieht auch im Erwachsenenalter – wenn auch nicht mehr ganz so stark. Das menschliche Gehirn ist nicht nur eine biologische Struktur, sondern auch ein soziales Organ. Die Beziehungen, die wir im Laufe unseres Lebens knüpfen, ermöglichen es uns, unsere Persönlichkeit zu entwickeln und für neuronales Wachstum und Gleichgewicht zu sorgen.

Erik H. Erikson war der erste Psychologe, der sich für die Entwicklungsphasen im Leben, einschließlich der der Erwachsenen, interessierte. 1950 beschrieb er mehrere solcher Phasen von der Geburt bis zum Tod. In *Identität und Lebenszyklus* (1959) schrieb er, dass es einiges gibt, was allen Menschen gemeinsam ist:

- Wir alle werden von einer Frau bzw. unserer Mutter geboren.
- Wir waren alle einmal Kinder.
- Alles Mensch-Sein beginnt im Kinderzimmer.
- Alle Gesellschaften bestehen aus Wesen, die sich vom Kind zum Erwachsenen entwickeln.

Verschiedene Kulturen haben unterschiedliche Normen hinsichtlich der Fürsorge. Wenn wir geboren werden, verlassen wir die biochemische Gemeinschaft mit unserer Mutter im Mutterleib und wechseln in die soziale Interaktion mit unserer Familie in dem Umfeld, in dem wir aufwachsen. Unsere Fähigkeiten wachsen allmählich mit den Möglichkeiten und Einschränkungen, denen wir in unserer Familie und Kultur begegnen. Entwicklung findet auf biologischer Ebene statt, aber als Kinder brauchen wir dennoch Interaktion, Bestätigung, Fürsorge und Unterstützung, damit wir unser biologisches Entwicklungspotenzial ausschöpfen können. Diese Zuwendung muss auch dem Entwicklungsstand des Kindes entsprechen, wenn sie die Persönlichkeitsentwicklung fördern soll – einen Säugling auf ein Fahrrad zu setzen wird nicht funktionieren!

Das Gehirn ist lebenslang dazu in der Lage, neue neuronale Verbindungen zu knüpfen und zu integrieren. Unsere Identität entwickelt sich während unseres gesamten Lebens – auch im Erwachsenenalter – indem wir Sinn und Motivation schaffen. Die Entwicklung im Rahmen unseres biologischen Reifungsprozesses lässt sich nur in Bezug auf unser jeweiliges Leben in unserem jeweiligen konkreten kulturellen Umfeld verstehen. Wir können über die sozialen Wachstumsphasen des Erwachsenenalters im familiären und auch gesellschaftlichen Zusammenhang einen Eindruck davon gewinnen, wie biologisches Erbe und soziales Umfeld miteinander verknüpft sind. Das ist unser Schwerpunkt in diesem Bilderbuch.

KAPITEL 1
Lebensthemen und kulturelle Rahmenbedingungen

Unsere Gene kreieren die Blaupause zur Organisation der Gehirnstruktur und Aktivierung der verschiedenen Entwicklungsphasen. In unserer DNA steckt eine unglaubliche Menge an Informationen, vergleichbar der in einem Blumensamen. Ob und wie es der Blume gelingen kann, ihr Potenzial zur Entfaltung zu bringen, hängt von der Erde, dem Wasser und den Nährstoffen ab, die ihr während ihres Wachstums zur Verfügung stehen.

Eine Blume kann ihr Potenzial nur zur Entfaltung bringen, wenn sie die Erde, das Wasser und die Nahrung zur Verfügung hat, die sie braucht.

Unser Gehirn passt sich an seine Umwelt an. Die Gene übersetzen unsere gelebten Erfahrungen in innere Realität. Unsere Erfahrungen aus der Vergangenheit werden zu Gefühlen, Gedanken und Verhaltensweisen in der Gegenwart, und unsere Beziehungen zu anderen werden zu wichtigen inneren Bildern, über die wir nachdenken und sprechen. Unser benutzerfreundliches, benutzerabhängiges und plastisches Gehirn wird durch unsere Kultur und Geschichte geprägt. Diese Plastizität ermöglicht es uns, zu lernen und uns zu erinnern.

Kulturelle Werte und Archetypen

Alle Gesellschaften der Welt bilden Wertesysteme, die auf ihren jeweiligen Annahmen basieren. Diese Wertvorstellungen schaffen die Kultur, in der wir leben, mit den Normen und Werten, die wir entwickelt haben. In Skandinavien zum Beispiel hat sich unser Verständnis von Jugend und Erwachsensein enorm verändert, seit unsere Großeltern und Urgroßeltern zu Beginn des letzten Jahrhunderts jung waren. Damals gingen viele Menschen jeden Sonntag in die

Kirche, und außereheliche Kinder galten als „unehelich" und als Schande – und wurden mit Schimpfnamen belegt. Eine Scheidung einreichen konnten nur die Männer. Die kulturelle Norm war, dass junge Menschen ihren Eltern und Lehrlinge ihrem Lehrherrn gehorchten. Wohlhabendere Familien hatten Dienstboten, die die Arbeit erledigten, und wenn man sich keine leisten konnte, kümmerte sich die Mutter um den Haushalt. Sie bekam Kinder und blieb zu Hause, um sich in Vollzeit um die Familie zu kümmern: sie betreute die Kinder, nähte, wusch die Wäsche, kaufte ein, putzte, kochte, backte und wusch ab.

Damals war die Gesellschaft noch ganz anders. In den Jahren 1890-1900 war eines der größten Umweltprobleme in den Städten die riesige Menge an Pferdemist und menschlichen Exkrementen auf den Straßen – Abwasserkanäle gab es noch nicht. Auf dem Land hingegen gab es so gut wie keinen Abfall, weil alles wiederverwertet wurde. 90 % der dänischen Bevölkerung bestand aus Generationen von Bauern- und Handwerkerfamilien. Dann kam das 20. Jahrhundert und mit ihm zwei Weltkriege. Auf sie folgte die Entwicklung eines enormen Wohlstands in der zweiten Hälfte des Jahrhunderts. Die Lebensweise der Menschen in Skandinavien änderte sich rasend schnell. Wenn diese Länder heutzutage Einwanderer und Geflüchtete aus Ländern aufnehmen, die sich stark von ihren eigenen unterscheiden, ähneln die Werte der Einwanderer in vielen Fällen denen der skandinavischen Großeltern und Urgroßeltern.

Manche Immigranten und Geflüchtete bringen Werte mit, die jenen der Großeltern- und Urgroßelterngeneration im Einwanderungsland ähneln.

Egal aus welchem Land wir stammen mögen, ist es schwirig für uns, aus unserer eigenen Kultur „hinauszutreten". Wir sind in ihr aufgewachsen und leben umgeben von ihren Werten. Es ist wie mit den Fischen, die das Wasser gar nicht wahrnehmen. Oft, und ohne uns dessen bewusst zu sein, denken wir, dass „wir die Welt so sehen, wie alle anderen sie auch sehen sollten, weil das normal ist". Das ist einer der Gründe, warum der Wechsel von der einen in eine andere Kultur solch ein schwieriger Prozess sein kann. Natürlich kann man auf viele unterschiedliche Arten in einem neuen Land heimisch werden. Manche gehen ganz im „neuen Wasser" und der neuen Kultur auf, und andere behalten mehr von ihrer ursprünglichen Kultur bei.

Fische nehmen das Wasser, in dem sie umherschwimmen, nicht wahr ...

Statusmuster

Statusmuster werden oft übersehen. Wir denken selten über die Tatsache nach, dass wir hierarchische Herdentiere sind. Hierarchische Verhältnisse sind Teil unseres unbewussten Verständnisses der Welt und unserer Gesellschaft, Teil des „Wassers", in dem wir schwimmen. Alle Säugetiere – vielleicht sogar alle Tiere – haben Hierarchien und Statusunterschiede entwickelt und weisen ihren einzelnen Mitgliedern einen bestimmten Status zu. Sowohl bei Tieren als auch beim Menschen gibt das Statusgefühl Hinweise darauf, ob man sich nahe kommen oder sicher fühlen kann, ob man einem anderen schnell mal was wegschnappen darf, oder ob man sehr höflich und unterwürfig sein muss. Ein hoher oder niedriger sozialer Status wird in der Regel unbewusst durch Körperhaltung, Gesichtsausdruck und Blickkontakt kommuniziert. Ein hoher Status bedeutet eine Position an der Spitze der sozialen Hierarchie. Er kann sich entweder darin ausdrücken, dass man dominant, bedrohlich und aggressiv ist, oder darin, dass man beschützend, großzügig und gut im Lösen von Konflikten ist.

Hoher und niedriger Status lassen sich gleichermaßen an Verhalten und Körperhaltung ablesen.

Ein bestimmter Status kann sowohl für die Einzelperson als auch für eine bestimmte Untergruppe oder Clique gelten. Im Erwachsenenleben gibt es je nach gesellschaftlichen Bereichen und verschiedenen Arbeitsplätzen unterschiedliche Kulturen rund um den Status. Status und Akzeptanz wirken sich auf das Selbstwertgefühl aus, was dazu führen kann, dass man das Gefühlt hat, man sei als Person richtig oder falsch, bzw., dass man am genau richtigen Ort oder in einem bestimmten Umfeld völlig fehl am Platz ist. Wir wissen, dass manche Menschen wichtiger sind als andere, und wir wissen auch, dass sie uns das auf eine ganz bestimmte Art und Weise zeigen.

Manche Menschen sind wichtiger als andere …

Man kann aber auch flexibler werden, was das Erleben sozialen Rangs betrifft, und besser im Mentalisieren. Damit ist gemeint, dass man über sich und andere freundlich und klar nachdenkt. Dazu später mehr.

Wertesysteme auf der Welt

Die anthropologische Organisation *World Value Survey* beobachtet die Entwicklung verschiedener Kulturen auf der Welt. Eines ihrer Instrumente ist ein Modell, anhand dessen sich die seit den 1970er Jahren massiv stattfindenden Veränderungen in den Weltkulturen deutlich machen lassen. Ihr Modell hat zwei Achsen. Auf der einen Achse stehen traditionelle Werte den säkular-rationalen gegenüber, und auf der anderen Achse die Überlebenswerte den Selbstverwirklichungswerten. Lassen Sie uns einen Blick auf dieses Modell werfen.

Traditionelle und säkular-rationale Werte
- Traditionelle Werte sind in stark religiösen Gesellschaften zu finden. Ihre Anhänger betonen die Bedeutung der Religion, die enge Bindung zwischen Eltern und Kindern, traditionelle familiäre Werte und den Respekt vor Autoritäten. Scheidung ist abzulehnen. Abtreibung, Euthanasie und Selbstmord sind völlig inakzeptabel. In diesem Wertesystem wird die Auffassung vertreten, dass Umweltbelange und Handel eher auf lokaler als auf zentraler Ebene entschieden werden sollten, und es herrschen ein hohes Maß an Nationalstolz und eine nationalistische Weltsicht.

- Säkulare und rationale Werte betonen Autonomie und Unabhängigkeit in der Kindererziehung. Individualität, freie Meinungsäußerung und Selbstbestimmung spielen eine große Rolle, und viele sind auf ihre eigene, individuelle Art spirituell, geprägt durch eigene Erfahrungen und verschiedene religiöse oder philosophische Orientierungen. Scheidung und Abtreibung sind akzeptabel, Euthanasie und Selbstmord sind es nur unter ganz bestimmten Bedingungen.

Überlebens- und Selbstentfaltungswerte
- Überlebenswerte finden sich in Gesellschaften, in denen das Überleben oft bedroht ist. Der Schwerpunkt liegt auf wirtschaftlicher und physischer Sicherheit. Die Rollen zwischen den Geschlechtern sind traditionell verteilt. Menschen mit dieser Weltanschauung fühlen sich durch Veränderungen in der Gesellschaft und damit auch durch Fremde und ethnische Unterschiede bedroht. Es herrscht Intoleranz gegenüber Homosexuellen, Pansexuellen und generell Menschen mit einer alternativen sexuellen Orientierung oder Identität und allgemein ein geringes Maß an Vertrauen und Toleranz.

- Selbstentfaltungswerte entstehen in Gesellschaften, in denen die Menschen das Überleben als selbstverständlich ansehen können. In den Vordergrund treten stattdessen das persönliche Wohlbefinden und die Lebensqualität. Umweltschutz und die Gleichstellung der Geschlechter rücken immer mehr in den Blick, und es wächst die Toleranz gegenüber Ausländern und sexuellen Minderheiten, wie z.B. Schwulen und Lesben. Es gibt ein Bekenntnis zur Gleichstellung aller und die Forderung, alle an den Entscheidungen im wirtschaftlichen und politischen Leben teilhaben zu lassen.

Heutzutage bringt man Menschen, die anders aussehen, mehr Toleranz entgegen.

Denken Sie mal einen Moment an Ihre eigene Kultur: wie war sie zu Beginn des letzten Jahrhunderts und wie ist sie heute?

In Skandinavien kommen die aus nicht-westlichen Ländern stammenden Immigranten aus der Türkei, Syrien, Pakistan, Bosnien-Herzegowina, Somalia, Afghanistan, Vietnam sowie dem Irak, Libanon, und Iran. Fügt man ein paar der nordafrikanischen Länder wie z.B. Algerien, Marokko und Tunesien hinzu, ergibt sich in Mitteleuropa ein ähnliches Bild.

All diese Länder – und all die Subkulturen in diesen Ländern – haben natürlich unterschiedliche Werte, genau wie die Einheimischen selbst. Stellen Sie sich zum Beispiel einen heute 24-jährigen Mann aus der Stadt vor, der im Alter von 12 Jahren vor seinen betrunkenen und gewalttätigen Eltern weglief und sich für die nächsten 12 Jahre einer Biker-Gang anschloss. Er hat eine völlig andere kulturelle Realität als die 24-jährige lesbische Frau, die aus einer gut funktionierenden Familie in der Vorstadt stammt und ihre Ausbildung zur Physiotherapeutin fast abgeschlossen hat. Der junge Mann lebt viel stärker nach den traditionellen und überlebensorientierten Werten der Biker-Gang, während die junge Frau viel stärker von einer säkular-rationalen Weltanschauung und Werten der Selbstentfaltung geprägt sein wird.

In einigen Kulturen steht das Überleben seit jeher im Mittelpunkt, und in Skandinavien war das Anfang des 20. Jahrhunderts genauso.

In manchen Kulturen bedeutet eine schlechte Ernte für viele Menschen den Hungertod. So war es auch in unserem Land um 1900. Eine der wichtigsten Veränderungen auf dem Weg zu Selbstentfaltungswerten scheint die Gleichberechtigung der Frau zu sein. In Nordeuropa herrscht heute sehr viel mehr Gleichberechtigung zwischen den Geschlechtern, was es den Frauen ermöglicht, aus viel mehr Lebensentwürfen zu wählen. Diese neuen Geschlechterrollen spielen eine wichtige Rolle in der Dynamik zwischen Überleben und Selbstentfaltung. Aber in den meisten Teilen der Welt gelten Männer immer noch als bessere politische Anführer als Frauen. Natürlich denken auch einige Menschen in Nordeuropa so! Von den jüngeren Generationen wird diese Sichtweise mehr und mehr in Frage gestellt. Gleiche Rechte für Frauen, für Schwule und Lesben, für Ausländer:innen und für andere Minderheiten sind zentrale Themen in den Werten rund um die Selbstentfaltung.

Es ist ein weiter Weg vom ländlichen Tansania nach Nordeuropa – aber es ist auch ein weiter Weg vom Wert des Überlebens, der sich im ländlichen Tansania natürlich anfühlte, zur nordeuropäischen Selbstentfaltung. Diese unterschiedlichen kulturellen Gegebenheiten prägen unser Gehirn und unseren Körper im Laufe des Lebens auf ganz unterschiedliche Weise. In diesem Buch werden uns die skandinavischen Normen als Ausgangspunkt dienen. Aber lassen Sie uns zunächst diese vier Gruppen von Normen in eine gesellschaftliche Landkarte einordnen. So erhalten wir vier eher allgemeine Möglichkeiten sowie vier extremere Versionen.

KULTURELLE NORMEN
Traditionelle Werte

- Entwickelt sich psychisch nicht mehr weiter
- Sehnt sich nach der "guten alten Zeit"
- Unterdrückt häufig Minderheiten

- Für Gott und Vaterland
- Traditionelle Ideale
- Fühlt sich wohl mit sozialen Hierarchien
- Verbot von Scheidung und Schwangerschaftsabbruch
- Außerehelich geborene Kinder werden beschimpft
- Man hat möglichst viele Kinder
- Traditionelle Familienstruktur

Überlebensorientierte Werte

- Wirtschaftliche und körperliche Sicherheit
- Materialistische Werte
- Nur Heterosexualität und traditionelle Geschlechterrollen sind akzeptabel
- Wenig Vertrauen in andere, besonders Minderheiten
- Gefühl, dass Fremde den Einheimischen „die Butter vom Brot stehlen"
- Nationalstolz, Wunsch nach einem starken Mann an der Spitze der Regierung
- Strenge Kindererziehung

- Wirtschaftlicher Erfolg und Wohlstand sind wichtiger als die Umwelt
- An der Spitze steht am besten ein Autokrat (m).
- Eine autoritäre Regierung vermittelt ein Gefühl von Sicherheit und ist besser als eine Demokratie

Säkular-rationale Werte

KULTURELLE NORMEN
Traditionelle Werte

- Betonung auf Tradition
- Zurück zur Natur
- Kräutertöpfe auf dem Küchenbalkon, Leidenschaft für Handarbeiten und selbstgebackenes Sauerteigbrot
- Umwelt und Bioanbau
- Kommunen, Kollektive und Crowdfunding
- Umweltdenken und Nachhaltigkeit
- Geringe Toleranz für Leute, die diese Themen nicht interessieren

- Fanatisch in Bezug auf Ökologie und Umwelt
- Macht am liebsten alles selbst
- Intolerant gegenüber Menschen mit einem gewöhnlicheren Lebensstil

→ **Selbstentfaltungswerte**

- Persönliche Autonomie und persönliche Entwicklung
- Persönliches Wohlergehen und Lebensqualität
- Klimabilanzierung
- 'Me-too' - Bewegung
- Forderung nach Mitbestimmung in öffentlichen Angelegenheiten
- Toleranz gegenüber Minderheiten
- Interesse an neuen, "exotischen" Erfahrungen

- Vollumfänglich selbst verantwortlich für das eigene Glück
- Leistungsorientierung führt zu Frustration und Verzweiflung
- Soziale Vereinsamung

Säkular-rationale Werte

Lebensthemen und kulturelle Rahmenbedingungen

Stress und Gesellschaft

All das bedeutet, dass sich die zentralen Entwicklungsaufgaben im Erwachsenenalter je nach Kultur unterschiedlich gestalten. Sie werden vom Geist der Kultur und vom Zeitgeist, also der aktuellen Generation, bestimmt, und wir sind Teil davon.

Der Zeitgeist

Unsere Alltagsbeziehungen tragen jedoch dazu bei, unseren Stresspegel zu senken. Je ruhiger, sicherer und unterstützender unsere soziale Welt ist, desto ausgeglichener sind wir in neurochemischer Hinsicht – und das ist eine wichtige Voraussetzung für psychologisches Wachstum. In Gesellschaften mit hohem Stresspegel haben die Menschen einen höheren Cortisolspiegel. Dies hemmt das neuronale Wachstum und damit die persönliche Entwicklung. In friedlicheren Gesellschaften und bei viel positiver Aufmerksamkeit entwickeln die Menschen mehr Dopamin- und Endorphinrezeptoren. Dies stärkt die psychologische Resilienz und fördert das emotionale Gleichgewicht und die Problemlösungskompetenz.

Kultur und Persönlichkeitsentwicklung

Unterschiedliche Kulturen setzen auf dem Lebensweg eines Menschen natürlich unterschiedliche Schwerpunkte. In unseren westlichen Kulturen haben sich das Lebenstempo und der soziale Kontext im Vergleich zu vor einigen Jahrzehnten erheblich verändert. Damals gab es weniger Wahlmöglichkeiten im Leben und die Gesellschaft veränderte sich weniger schnell. Die Forschung zur Persönlichkeitsentwicklung lässt einen ähnlichen Trend erkennen. Die meisten Menschen hatten mehr Struktur in ihrer Persönlichkeit und waren stärker darauf bedacht, sich den Mainstream-Werten anzupassen. Viele der Psychotherapien und Methoden für „persönliches Wachstum", die wir heute anwenden, wurden in den 1960er, 70er und 80er Jahren entwickelt und waren auf die Probleme zugeschnitten, die die Menschen in diesen Gesellschaften hatten. Aber in unserer heutigen schnelllebigen, informationsreichen, individualistischen und konsumorientierten Welt haben wir uns verändert. Die meisten Menschen in Nordeuropa sind sehr viel flexibler und beweglicher geworden und engagieren sich stärker für ihre persönliche Weiterentwicklung.

In unseren Kulturen erachten wir es als wichtigen Wert, uns als Erwachsene weiterzuentwickeln, indem wir anderen dienen, z. B. unserer Familie und unseren Freunden, aber auch im weiteren Sinne, indem wir einen Beitrag zur Gesellschaft leisten und etwas an künftige Generationen weitergeben.

In den 1970er Jahren träumte man von einem großen Haus, schönen Auto und Golden Retriever; die moderne Version dieses Traums besteht wahrscheinlich eher aus einem E-Bike und Solarpaneelen auf dem Tiny House.

Diese Veränderungen in unserer Gesellschaft bedeuten, dass das Modell der Entwicklungsstufen des Erwachsenenalters, mit dem wir uns ab Kapitel 5 befassen werden, eher als ein allgemeiner Überblick denn als eine feste Struktur zu verstehen ist. In den folgenden Kapiteln beschreiben wir jede Stufe im Hinblick auf ihr Potenzial und nicht mit Blick darauf, was schief gehen kann. Schließlich können Menschen an jedem Punkt ihres Lebens ins Stocken geraten, nicht weiterwissen oder traumatisiert werden. Auch zu Krankheiten und Todesfällen in der Familie und in Liebesbeziehungen kann es jederzeit im Leben kommen. Es können im Verlauf eines Lebens aber natürlich auch wundervolle Dinge passieren, und wir können immer wieder auf den richtigen Weg zurückkehren. Es ist anzunehmen, dass viele Menschen ihre ganz besonderen und lebensverändernden Ereignisse in einem anderen Alter erleben als wir es hier beschreiben. So bekommen manche Frauen schon als Teenager ihr erstes Kind, andere mit über 40, und wieder andere bekommen

Lebensthemen und kulturelle Rahmenbedingungen

nie Kinder. Wir haben die Aufgaben, die mit der Pflege alternder Eltern, behinderter Kinder oder kranker Geschwister verbunden sind, völlig außer Acht gelassen – Aufgaben, die sich besonders dann ergeben, wenn wir selbst älter werden.

In einer hochgradig individualisierten postmodernen Gesellschaft führen verschiedene Menschen ihr Leben sehr unterschiedlich. Dennoch gibt es optimale Phasen für die diversen Arten von Herausforderungen in unserer alten Hardware – dem Körper und dem Gehirn. Schließlich fühlen sich die wenigsten Menschen in ihren Zwanzigern dazu berufen, ihre Autobiografie zu schreiben, ebensowenig wie sie mit über siebzig plötzlich anfangen, auf Berge zu klettern.

Kaum jemand beginnt mit über 70 plötzlich mit dem Bergsteigen.

KAPITEL 2
Der Einfluss der Kindheit auf das Erwachsenenalter

In diesem Kapitel befassen wir uns vorwiegend damit, wie Menschen sich im Verlauf ihres Lebens verändern, sozusagen von der Wiege bis zur Bahre. In diesem Prozess lassen sich zum einen allgemeine Charakteristika, zum anderen aber auch eine Entwicklung auf biologischer Ebene über alle Kulturen hinweg erkennen. Das Leben aller Menschen beginnt im Mutterleib. Sie werden geboren, durchlaufen ihre Kindheitsentwicklung, werden erwachsen, bekommen vielleicht Kinder – und sterben. Die Entwicklung folgt einem inneren Programm, das bis zu einem gewissen Grad durch die Umwelt mitgestaltet werden kann, aber die physiologischen Reifungsprozesse zur Grundlage hat.

Die Entwicklung von der Wiege bis zur Bahre.

Wir Menschen sind biologisch dazu prädestiniert, Kontakt zu anderen zu suchen. Bindungsmuster scheinen erlernte Muster zu sein, die Ängsten entgegenwirken und die Anpassung an wichtige Bezugspersonen stärken. Diese Muster entstehen bereits im Alter von einem Jahr, verändern sich aber ohne viel Aufhebens durch weitere Beziehungen. Stabile soziale Beziehungen sind unglaublich wichtig für unser Wohlergehen. Wir fühlen uns unglücklich und einsam, wenn Beziehungen instabil oder gar nicht vorhanden sind. Unsere Bindungsmuster wurzeln in den Interaktionen, die wir in unserer Kindheit in unserer Familie erlebt haben. Sie sind einem Tanz bzw. einer Choreografie vergleichbar, an der wir früh im Leben gelernt haben, teilzunehmen. Manche haben besser tanzen gelernt als andere – dementsprechend finden sie sich in guten Beziehungen wieder. Doch es kann auch sein, dass wir bemerken, dass wir einander ständig auf die Füße treten.

Mit anderen zusammen zu sein ist ein Tanz …

Die Qualität unserer Bindungsbeziehung trägt mit zur Entwicklung unserer sozialen Fertigkeiten bei, sowie zu unserer Fähigkeit zur emotionalen Regulierung, unserem Selbstverständnis, unseren Erfahrungen mit Freundschaft und zu unserem Selbstvertrauen. Und umgekehrt: je stärker sich unsere Kultur am Individuum ausrichtet, desto mehr Pseudo-Intimität, Einsamkeit, Leistungsangst und unglückliche Menschen erleben wir.

Bindungsmuster

Wir unterscheiden fünf Bindungsmuster: ein sicheres und vier unsichere. Zu den unsicheren gehören das vermeidende, das ambivalente, das abhängige und das desorganisierte Bindungsmuster. Wir übernehmen häufig die Bindungsmuster unserer Eltern, wenn wir sie auch oft auf unsere eigene Art und Weise leben. Wenn sich unsere Lebensumstände stark ändern, verändern sich unsere primären Bezugspersonen und damit auch unsere Bindungsmuster.

- Erwachsene mit sicherem Bindungsmuster sind unabhängig und selbstsicher. Es fällt ihnen leicht, sich an bestimmte Begebenheiten oder Zeiten zu erinnern, wo sie sich im Zusammenhang mit einem Bindungsthema Sorgen gemacht haben. Sie können sich ohne Probleme auf verschiedene Arten von Interaktionen mit anderen einlassen.

Erwachsene mit sicherem Bindungsmuster sind unabhängig, selbstsicher und liebevoll.

- Erwachsenen mit vermeidendem Bindungsmuster fällt es schwer, sich an ihre Kindheit zu erinnern. Sie vermeiden Nähe und empfinden es als unangemessene Einmischung, wenn ihnen jemand helfen will. Sie neigen zu einer allgemeinen Idealisierung ihrer Eltern, berichten aber gleichzeitig von Zurückweisung, wenn sie sich dann doch an konkrete Begebenheiten erinnern.

Erwachsene mit vermeidendem Bindungsmuster empfinden es als unangemessene Einmischung, wenn ihnen jemand helfen will.

- Erwachsene mit ambivalentem Bindungsmuster haben viele widersprüchliche Erinnerungen, die sie nicht in eine zusammenhängende und in sich stimmige Lebensgeschichte einordnen können. Sie sind oft sehr emotional und haben viele gescheiterte Beziehungen hinter sich.

Erwachsene mit ambivalentem Bindungsmuster sind oft sehr emotional und haben viele gescheiterte Beziehungen hinter sich.

Der Einfluss der Kindheit auf das Erwachsenenalter

- Erwachsene mit abhängigem Bindungsmuster erinnern sich an viele Zeiten und Situationen in ihrem Leben, in denen sie das Bedürfnis nach Liebe und größerer Geborgenheit hatten. Sie sind häufig unsicher, ängstlich und wünschen sich, es möge jemand anderes die Entscheidungen für sie treffen.

Erwachsene mit abhängigem Bindungsmuster sind oft unsicher und wollen, dass jemand anderes die Entscheidung für sie trifft.

- Erwachsene mit desorganisiertem Bindungsmuster haben Schwierigkeiten, ihre Lebensgeschichte zu verstehen. Es fällt ihnen schwer, emotionale Bindungen einzugehen, weil sie skeptisch sind, dass der bzw. die andere es wirklich gut mit ihnen meint.

Erwachsene mit desorganisiertem Bindungsmuster misstrauen anderen und versuchen, die Kontrolle über alles zu behalten, um Chaos zu vermeiden.

Ebenen der mentalen Entwicklung – die emotionalen Lebensthemen

Die mentalen Entwicklungsebenen stehen in Zusammenhang mit den emotionalen Themen, die in den verschiedenen Lebensabschnitten eine zentrale Rolle spielen. Diese Themen sind biologisch vorgegeben und haben mit unserer neuronalen Entwicklung zu tun. Gleichzeitig unterliegen sie den Einflüssen der Zeit, der Gesellschaft und der Familie, in der wir leben. Sie entwickeln sich aufeinander aufbauend, ähnlich einem Baum. Die Förderung, die der Baum in den ersten Monaten und Jahren seines Wachstums erfährt, bestimmt, wie die Äste und Zweige sich später ausbilden können. Mit Lebensthemen verhält es sich genauso. Was wir im Zusammenhang mit den frühen Themen lernen, beeinflusst maßgeblich, wie sich die späteren Themen entfalten.

In der Kindheit beschäftigen uns die ganz grundlegenden Aspekte: uns grundsätzlich sicher fühlen zu können, Emotionen gefahrlos mit anderen teilen zu können, zu lernen, wie man einen Impuls hemmt und wie man etwas tut, auch wenn man keine Lust dazu hat.

Später verstärkt sich die Aktivität im präfrontalen Kortex und Neocortex, und das versetzt uns in die Lage, über uns und andere zu reflektieren und zu verstehen, was in anderen Menschen vorgeht. Wir können uns auch zunehmend an Situationen aus der Vergangenheit erinnern und uns die Zukunft vorstellen. Das Bewusstsein beginnt, Vergangenheit, Gegenwart und Zukunft zu integrieren und sorgt für emotionale Ausgeglichenheit im Hinblick auf all diese Lebensphasen.

Wenn man sich der Vergangenheit, Gegenwart und Zukunft gleichzeitig bewusst sein kann, kann man diese Lebensphasen mit emotionaler Ausgeglichenheit betrachten.

Der Einfluss der Kindheit auf das Erwachsenenalter

Entwicklungsebenen der Kindheit und Jugend Die Entwicklungsphasen der Kindheit und Jugend lassen sich in sieben Ebenen der mentalen Organisation unterteilen, wie im Folgenden dargestellt.

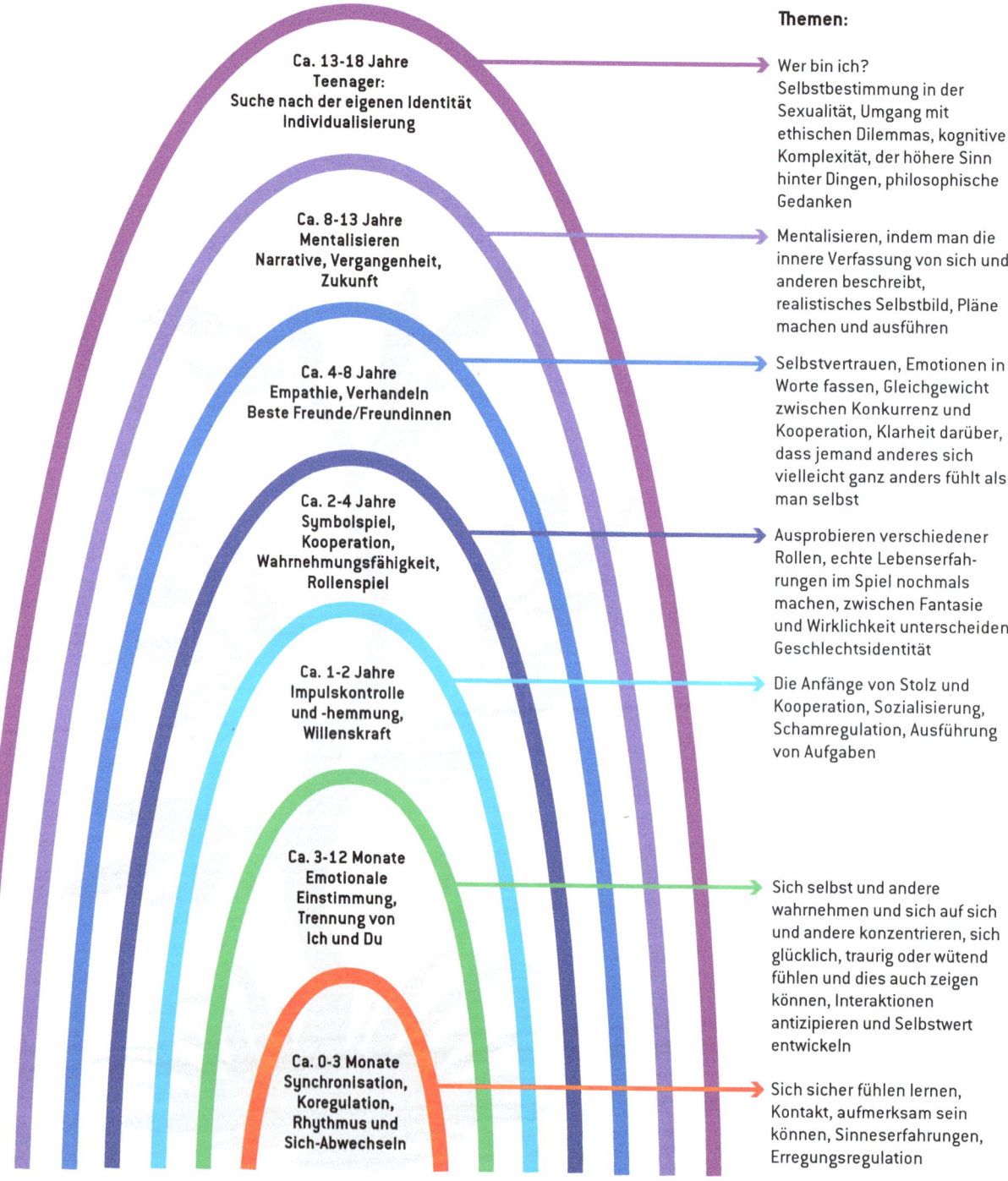

Entwicklung der Mentalisierungsfähigkeiten

Mit etwa 12 bis 14 sind unsere emotionalen und kognitiven Fähigkeiten ausreichend entwickelt, dass das Mentalisieren sich entfalten kann. Mentalisieren bedeutet, dass wir zwischen innerer und äußerer Realität sowie zwischen Überzeugungen und Gefühlen unterscheiden können. Das ist nämlich tatsächlich schwieriger als man denkt. Wenn der Lebenspartner seine Socken nicht in den Wäschekorb, sondern auf den Boden wirft, ist man viel eher verärgert, wenn man vermutet, dass „es ihm einfach egal ist". Aber woran erkennen wir das denn? Wissen wir es wirklich, oder stellen wir uns vor, es sei so? Wenn wir mentalisieren, können wir verstehen, was bewusst und unbewusst in uns und in anderen vorgehen mag. Wir könnten zum Beispiel denken, dass unserem Partner seine Socken und der Wäschekorb einfach aus dem Blick geraten sind. Oder wir können denken, dass er es sich noch nicht zur Gewohnheit gemacht hat, sie in den Wäschekorb zu werfen.

Warum zum Teufel wirft er seine Socken einfach auf den Boden?

Die Fähigkeit, mit Emotionen vernünftig umzugehen ist eine Voraussetzung für die Entwicklung von Mentalisierungsfähigkeiten. Eine sichere Bindung ermöglicht stabile innere Repräsentanzen und ist Voraussetzung für unsere Fähigkeit, emotional ins Gleichgewicht zu kommen.

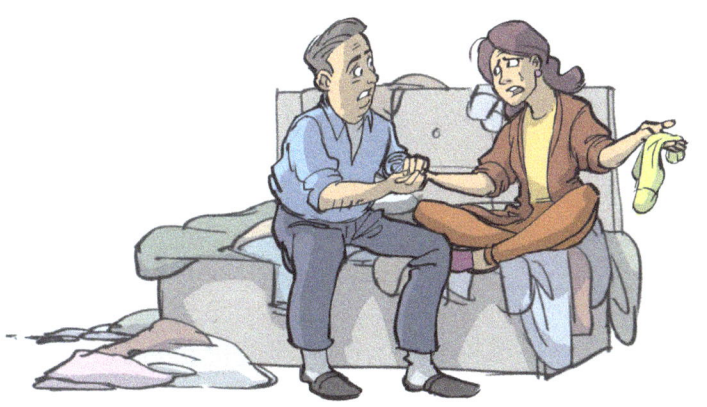

Ein offenes Gespräch über Kleidung und Socken.

Mentalisierung im Hinblick auf andere Menschen bedeutet, dass man sich in ihre Lage versetzt und versucht, sich vorzustellen, was er bzw. sie denkt. Die Entwicklung dieser Fähigkeit dauert lange, und manche werden nie gut darin. Intelligenz kann der Mentalisierung förderlich sein, doch nur, wenn man überhaupt gelernt hat zu mentalisieren. Am dringendsten brauchen wir unsere Mentalisierungsfähigkeiten, wenn wir wütend oder traurig sind – und gerade in solchen Situationen haben wir vorübergehend keinen Zugang zu intelligenter, empathischer Reflexion.

Beim Mentalisieren kann man sich in die Lage des oder der anderen versetzen.

Dies gilt auch für das Mentalisieren der eigenen Handlungen: „Warum habe ich eigentlich dieses große Stück Kuchen gegessen, wo ich doch eigentlich eine Diät mache?"

Warum hab ich diesen Kuchen gegessen …

Es kann sein, dass man über eine ausgezeichnete Fähigkeit verfügt, logisch über sein Leben nachzudenken, ohne besonders gut darin zu sein, die eigenen Emotionen oder die anderer wahrzunehmen. Man kann durchaus ein Mathe- oder Physikgenie sein, aber gleichzeitig wenig Empathie haben oder nur schlecht erkennen können, wie andere sich fühlen.

Man kann ein Mathe- und Physikgenie sein, und trotzdem nicht in der Lage, sich in andere einzufühlen.

Mentalisieren zu können, ist in belastenden Situationen besonders wichtig, in denen viele Emotionen im Spiel sind. Es ist ganz wesentlich unterscheiden zu können, ob etwas dem Reich der Fantasie oder der Wirklichkeit zuzuordnen ist.

Neben dem echten gibt es auch das Fantasie-Auto. Zwischen Fantasie und Realität unterscheiden zu können, ist eine wichtige Fähigkeit.

Der Einfluss der Kindheit auf das Erwachsenenalter

Es ist auch wichtig, die Dinge in Worte fassen zu können. Wenn man über seine Erfahrungen spricht, kann man beginnen, die eigene Realität mit der Realität der anderen abzugleichen. Dadurch lässt sich gegebenenfalls die eigene Sicht bzw. ein eventuelles Missverständnis korrigieren, anstatt das Gefühl zu haben, wir müssten die anderen korrigieren. Diese Fähigkeit, die eigene Realitätswahrnehmung anzupassen ist etwas, mit dem wir unser ganzes Leben lang zu kämpfen haben. Überall auf der Welt gibt es Menschen, die anderen ihren politischen oder religiösen Standpunkt als den einzig wahren aufzwingen wollen.

Man kann die eigene Realität beschönigen, um selbst besser dazustehen und vielleicht sogar an Status zu gewinnen.

Aber auch die Fähigkeit zum Mentalisieren ist nicht stabil. Je stärker wir unter Druck stehen und gestresst sind, desto weniger gut können wir mentalisieren. Es kann kurzfristige Lücken in der Mentalisierungsfähigkeit geben, aber es kann auch zu Ereignissen im Leben kommen, die so überwältigend sind, dass es wirklich schwierig ist, darüber zu mentalisieren.

Wenn wir zum Beispiel eine Erfahrung mit Gewalt machen und danach das Geschehen mental verarbeiten können, gehen wir oft gestärkt daraus hervor. Wenn die Fähigkeit zu mentalisieren nicht zum Tragen kommt, weil sie schlecht entwickelt oder das Ereignis zu überwältigend ist, bleiben wir stecken und unsere Entwicklung stagniert.

Wenn die Fähigkeit zur Mentalisierung unzureichend entwickelt ist, gerät unsere Entwicklung ins Stocken.

Es gibt verschiedene Mentalisierungsstufen, und sie hängen damit zusammen, wie sich Kinder entwickeln. Sehr junge Kinder bilden sich ihre Meinung auf der Grundlage des konkreten Verhaltens anderer, aber sie können die Beweggründe oder Gefühle, die hinter einer Handlung stecken, nicht durchschauen.

Es gibt auch Erwachsene, die meinen, dass das Verhalten von Menschen direkt deren Absicht widerspiegelt; sie überlegen nicht, was sie motiviert haben mag, was sie gedacht oder gefühlt haben mögen. Nehmen wir den Straßenverkehr. Wir neigen dazu zu glauben, dass der andere Fahrer nur deshalb so knapp vor uns eingeschert ist, um uns zu provozieren oder schneller zu sein als wir. Wir fragen uns nicht, welche Emotionen oder dahinterliegende Absicht mit im Spiel gewesen sein mag, sondern beziehen uns nur auf die im Außen wahrzunehmende Realität.

Der hat das nur gemacht, um mich zu ärgern!

Der Einfluss der Kindheit auf das Erwachsenenalter

Später können Kinder wahrnehmen, dass hinter einer Handlung ein Motiv, ein Gedanke oder ein Gefühl steht. Aber sie glauben, dass das, was sie selbst denken oder fühlen, die einzige mögliche Interpretation des Geschehens ist. Dies wird als *psychische Äquivalenz* bezeichnet. Sie glauben, dass alle anderen genauso denken und fühlen wie sie selbst.

Ich mochte solche Dinge immer schon sehr, deshalb wusste ich, dir würde es auch gefallen

Diese Art, die Welt zu erfassen, wird „Als-Ob-Modus" genannt. Wir wissen, dass auch wir Erwachsenen so denken und so tun, als würden die anderen so denken, wie wir es von ihnen erwarten. Wenn ich das Gefühl habe, nicht gut genug zu sein, bin ich mir sicher, dass andere Menschen das auch von mir denken. Wenn ich gebeten werde, den Tisch für das Mittagessen abzuräumen, denke ich, dass mir das signalisieren soll, dass ich nicht gut genug bin. Außerdem glaube ich, dass meine Wahrnehmung der Realität die tatsächliche Realität beschreibt, selbst wenn zwischen den beiden ein großer Unterschied besteht. Der Als-Ob-Modus ist wichtig, weil über ihn unsere inneren Gefühle und Gedanken zustande kommen. Wir haben in diesem Alter nur noch nicht gelernt, dass diese Gefühle und Gedanken nicht die Realität sind.

Das wunderschöne Bild, das ich mir in Gedanken von meinem Haus mache, kann sich stark davon unterscheiden, wie es tatsächlich aussieht …

34   Kapitel 2

Schließlich entwickeln wir eine integrierte Mentalisierung, die uns ermöglicht zu verstehen, dass andere anders sind als wir selbst. Wir begreifen, dass auch wir selbst anders sind als noch vor ein paar Jahren, – und anders, als wir es in ein paar Jahren sein werden. Wir verstehen, dass unsere inneren Erfahrungen zwar Abbilder der äußeren Realität sind – aber nicht die Realität per se. Wir erleben unsere Gedanken und Gefühle als etwas sehr Reales, aber wir wissen auch, dass sich dies wieder ändert, wenn wir wütend, traurig oder müde sind. Wir sind uns darüber im Klaren, dass verschiedene Menschen die Realität auf unterschiedliche Weise wahrnehmen, weil jede(r) anders denkt und fühlt, und wir wissen auch, dass sich jede(r) irren und Dinge falsch erinnern kann.

Unser inneres Erleben enthält Abbilder der äußeren Realität, ist aber nicht mit ihr gleichzusetzen. Wir können so tun, als würden wir mit der Puppe sprechen, aber wir wissen, dass eigentlich nicht die Puppe, sondern Mama mit uns spricht.

Wenn wir diesen Punkt erreichen, kommen unsere emotionale und kognitive Intelligenz zusammen. Wir können gleichzeitig klar fühlen und denken. Wir sind in der Lage, die Gefühle und Gedanken einer anderen Person nachzuvollziehen, ohne von ihrem Leid überwältigt zu werden. Wir bekommen ein Gefühl dafür, wie wir von anderen wahrgenommen werden und können eine Situation aus der Warte einer anderen Person betrachten. Wir verstehen, dass Menschen nach ihrem Denken und Fühlen handeln, und wir können normalerweise zwischen Träumen, Fantasien und realen Ereignissen unterscheiden.

Wir können nachempfinden, was jemand fühlt, ohne von seinem oder ihrem Schmerz überwältigt zu werden.

Der Einfluss der Kindheit auf das Erwachsenenalter

Um uns in uns und andere einfühlen und uns und andere in einer größeren Gemeinschaft sehen zu können, und auch um realistische Pläne zu machen, müssen wir unsere Mentalisierungsfähigkeiten noch weiter entwickeln. Dann können wir nachempfinden, wie jemand anderes die Erfahrungen einer dritten Person wahrnimmt. Das kann uns ein Gefühl dafür vermitteln, wie beispielsweise eine Freundin erlebt, was ein Freund von ihr gerade durchmacht.

Als Leser:innen können wir uns vorstellen, wie die Frau das Erleben des Mannes gerade wahrnimmt.

Wir lernen, ziemlich treffend einzuschätzen, wie uns jemand anderes sieht. Das ist eine zentrale Fähigkeit, um langfristige, stabile Beziehungen aufzubauen. Wenn wir das können, löst sich unser Egozentrismus auf.

Wir können die Gefühle anderer verstehen, aber auch ihre allgemeinen Erfahrungen und Lebensumstände. Wir entwickeln die Fähigkeit, über uns nachzudenken, uns objektiv zu betrachten und soziale Zusammenhänge, die Wahl von Strategien und soziale Rollen zu interpretieren. Wir denken logischer. Wir können verschiedene Rollen einnehmen und viele Perspektiven gleichzeitig nutzen. Die Fähigkeit der kognitiven Reflexion ermöglicht es uns, ein differenziertes, aber auch widersprüchliches inneres Bild der Welt zu entwickeln. Wir können unsere beste Freundin für eine besondere Fähigkeit bewundern, ein wenig neidisch sein und uns über unseren Neid ärgern, während wir gleichzeitig ein wenig Mitgefühl für uns empfinden, weil wir neidisch sind.

Man kann den Neid spüren, sich darüber ärgern, aber gleichzeitig auch Mitgefühl mit sich haben.

Wenn wir in guten wie in stressigen Zeiten Empathie für uns und andere haben und klar denken können, sind wir nicht mehr auf einen einzigen Aspekt eines Problems beschränkt. Wir können auch in unseren Beziehungen zu anderen mehrere Perspektiven gleichzeitig einnehmen. Wir können unsere erlebte Realität von Fake News unterscheiden, und wir können uns auf verschiedene Aspekte unserer eigenen Persönlichkeit beziehen. Das Mentalisieren wird durch Lebensereignisse und durch die Reifung des Gehirns gefördert.

Stagnation und Selbstschutz

Nach Erik Erikson kann jede Entwicklungsstufe uns entweder reifen oder stagnieren lassen. Er interessierte sich besonders für die psychobiologische Entwicklung im Zusammenhang mit den im Umfeld und in der Kultur existierenden Möglichkeiten und Chancen. Stagnation kann entweder dazu führen, dass man sich in einer Art Pseudo-Intimität an andere klammert, oder umgekehrt, dass man sich zurückzieht und sozial isoliert. Eine Stagnation auf der sehr frühen Entwicklungsebene kann zum Beispiel zu Misstrauen und einem Mangel an Empfindsamkeit führen.

Eine Stagnation auf einer frühen Entwicklungsebene führt häufig zu Misstrauen und mangelnder Sensibilität …

Im späteren Leben kann eine Stagnation dazu führen, dass wir Schwierigkeiten haben, unsere Emotionen zu regulieren, und dass rasch Scham- und Schuldgefühle wachgerufen werden.

… während eine Stagnation später im Leben zu Scham- und Schuldgefühlen führt …

In der Pubertät kommt es zu einer natürlichen Phase der Identitätsverwirrung. Wenn die Verwirrung dauerhaft anhält, kann sie allerdings zu ernsthaften pathologischen Störungen führen.

Im frühen Erwachsenenalter liegt die Gefahr darin, dass man sich nicht traut, Teile von sich aufzugeben und sich die Zeit zu nehmen, zur Ruhe zu kommen, und bereit zu den Kompromissen zu sein, die eine Liebesbeziehung ausmachen.

Etwas später kann es bedeuten, dass man sich nur mehr auf sich bezieht und nicht mehr in der Lage ist, sich um andere Menschen oder Werte zu kümmern.

Im Alter kann Stagnation bedeuten, dass man den Wunsch und das Bedürfnis verliert, etwas zu schaffen und an die Nachkommenden weiterzugeben. An ihre Stelle tritt ein Gefühl von Verzweiflung, Hoffnungslosigkeit und fehlender Lebensfreude.

… im Alter kann die Stagnation zu einem Gefühl der Verzweiflung und Hoffnungslosigkeit und einem Mangel an Lebensfreude führen.

Wir sind sozial sensible Menschen, und wir alle brauchen Bindung und soziale Zugehörigkeit. Fehlen diese, kommt es zu Selbstschutzreaktionen, die in unserer uralten „Gehirnbibliothek" gespeichert sind.

Wenn uns intensive psychische Erfahrungen überwältigen, reagiert unsere Psyche. Selbstschutzreaktionen sind angemessen und unverzichtbar. Sie aktivieren primitive Instinkte oder dämpfen schmerzhafte und unangenehme Gefühle. Sie sorgen dafür, dass wir psychisch funktionieren können, so wie unser Immunsystem auf körperlicher Ebene dafür sorgt. Wenn wir von Viren und Bakterien überfallen werden, reagiert unser Immunsystem. Wir werden krank – und hoffentlich wieder gesund.

Das psychische Immunsystem schützt unser emotionales Selbst.

Der Einfluss der Kindheit auf das Erwachsenenalter

Leider können emotionale Selbstschutzreaktionen auch zu unbewussten Strategien werden, die ein Leben lang unabhängig vom Kontext, in dem sie entwickelt wurden, aktiv bleiben.

Ein reifes Nervensystem verfügt über viele Formen des Selbstschutzes auf verschiedenen Ebenen, während ein unreifes Nervensystem nur über einige wenige verfügt. Selbst wenn eine Selbstschutzreaktion an einem bestimmten Punkt in unserem Leben gut funktioniert, kann sie an einem anderen Punkt nicht zielführend, ja sogar unbegreiflich, sein und zu Stagnation führen.

Die Schutzreaktionen eines unreifen Nervensystems mögen zwar für ein Kind gut funktionieren, sind aber im Erwachsenenalter vielleicht nicht mehr angemessen.

KAPITEL 3
Die neuroaffektive Entwicklung im Erwachsenenalter

Die Theorien über die Entwicklung des Gehirns von Erwachsenen basieren auf der eher düsteren Ansicht, dass wir unser Erwachsenenleben damit verbringen, die Fähigkeiten zu kompensieren, die uns in Gehirn und Körper verlorengehen. Zum Glück ist das nur ein Teil der Geschichte. In unseren Zwanzigern sind unsere Gedankengänge schnell und logisch organisiert. Allmählich weichen sie differenzierten und langsameren Prozessen im alternden Gehirn. Dadurch können sich ganzheitliche und intuitive Fähigkeiten entfalten, oft mit einem Gefühl von existenzieller Bedeutung und Tiefe.

Wir wissen aus der Forschung, dass es Phasen gibt, in denen der Körper schnell altert. Das ist mit Mitte 30, Anfang 60 und Ende 70 der Fall. Das Älterwerden ist also wahrscheinlich kein linearer Prozess. Wir werden nicht einfach immer älter und der Körper baut von Tag zu Tag mehr ab – sondern es passiert zu verschiedenen Zeiten im Leben unterschiedlich stark. Sowohl die Entwicklung als auch der Abbau erfolgen in Wellen.

Wann ist das Gehirn reif?

Seit den 1950er Jahren und bis zum heutigen Tag lautet mit allem, was wir mittlerweile aus der Gehirnforschung wissen, eine immer wiederkehrende Frage: „Wann ist das Gehirn reif?" Seltsamerweise ist diese Frage nicht leicht zu beantworten. Die Evolution scheint „verstanden" zu haben, dass einige Fähigkeiten vorhanden sein müssen, bevor sich andere Fähigkeiten entwickeln können. Verschiedene Funktionen erreichen ihren Höhepunkt zu unterschiedlichen Zeiten. Die Fähigkeit, grundlegende emotionale Interaktionen zu erlernen, erreicht ihren Höhepunkt vor dem zweiten Lebensjahr, und auch die Struktur unserer Persönlichkeit und die Stressbewältigung etablieren sich im Alter von zwei Jahren. Gleichzeitig öffnet sich das Fenster für die Sprachentwicklung fast explosionsartig zwischen zwei und 3 Jahren. Die Fähigkeit, eine Sprache neu zu erlernen, erreicht ihren Höhepunkt in der Mitte der Kindheit und beginnt ab dem Alter von 12 Jahren wieder abzunehmen. Die visuelle Wahrnehmung von Entfernung und Geschwindigkeit ist im Alter von 11 bis 12 Jahren voll ausgebildet. Viele körperliche und sportliche Fähigkeiten erreichen ihren Höhepunkt im Teenageralter und mit Anfang 20, während Geschwindigkeit und Genauigkeit bei verschiedenen kognitiven Funktionen ihren Höhepunkt irgendwo zwischen Anfang und Ende 20 zu haben scheinen.

Wieder andere geistige Fähigkeiten erreichen ihren Höhepunkt erst später im Erwachsenenalter und wenn wir altern. Im Gegensatz zur Entwicklung des Gehirns in der Kindheit und Jugend sind bei der Entwicklung des Erwachsenengehirns alle Gehirnbereiche bereits „online", d.h. verbunden und funktionsfähig. Dass sie funktionieren heißt allerdings nicht immer, dass sie auch gut funktionieren. Das hängt davon ab, wie sich unsere Bindung und Mentalisierung entwickelt haben. Aber das Gehirn verändert sich mit Ende 20, weil einige Hirnregionen oder Verbindungen schwächer werden und andere Bereiche des Gehirns dies kompensieren. Das bedeutet zwar weniger Energie, aber es bedeutet auch, dass wir leichter innehalten und nachdenken können, bevor wir in Aktion treten, was wiederum zu mehr Weisheit und besserer Mentalisierung führt. In jeder Lebensphase besteht das Risiko, dass wir aufhören zu reifen oder dass wir traumatisiert werden, aber jede Phase birgt auch Potenzial für Entwicklung. Die Hirnforschung zeigt, dass das Gehirn die Art, wie es Informationen verarbeitet, im Laufe unseres Lebens immer wieder umorganisiert.

Im Erwachsenenalter haben wir die natürliche und zunehmende Tendenz, neue Herausforderungen zu bereits gemachten Erfahrungen in Beziehung zu setzen. Was wir als wichtig empfinden, sowie unsere Meinungen und Werte ändern sich mit den Veränderungen im Gehirn und mit den wechselnden Aufgaben und Herausforderungen, die sich uns in dieser Phase unseres Lebens stellen.

Neue Herausforderungen enthalten Anklänge an bereits gemachte Erfahrungen.

Enge und nährende Beziehungen sind ein Leben lang wichtig für unsere Gesundheit und unser Wohlbefinden, und sie fördern auch das Wachstum und die Vernetzung unserer Nervenzellen. Biologisch gesehen werden unsere limbischen bzw. emotionalen Fähigkeiten mit zunehmendem Alter ausgeprägter und deutlicher als unser kognitiver Scharfsinn. Vielleicht hat die Evolution ältere Menschen danach „ausgewählt", dass sie ein hohes Maß an sozialem Verständnis und Empathie entwickeln können?

Im Erwachsenenalter tritt etwa jedes Jahrzehnt eine neue Stufe der geistigen Entwicklung ein. Die erste davon dauert jedoch kürzer, nämlich eher etwa fünf Jahre – von 18 bis 23. Mit anderen Worten: Es gibt acht Stufen der geistigen Entwicklung im Erwachsenenalter, die wir noch genauer betrachten werden.

Die Stufen der geistigen Entwicklung stehen miteinander im Zusammenhang. Je besser sie verbunden sind, desto größer sind unser geistiges Gleichgewicht und unsere Selbstregulierung. In der Kindheit ist die erste Ebene der geistigen Entwicklung zwar angeboren, aber schon zu Beginn des Lebens brauchen wir eine gezielte und fein abgestimmte Betreuung durch wichtige Bezugspersonen. Erfahrungen entstehen immer sowohl durch Empfindungen der ersten Ebene der geistigen Entwicklung als auch durch Emotionen der zweiten Ebene. Im Alter von 1 bis 2 Jahren, ab der dritten Stufe der geistigen Entwicklung, beginnen sich die präfrontalen Kompetenzen zu entfalten, die uns als Menschen so einzigartig machen. Ab diesem Alter beginnen wir, uns unserer Handlungen, Gedanken und Gefühle bewusster zu werden. In der Adoleszenz beginnen wir auch, abstrakt zu denken, Strategien zu entwickeln, Konsequenzen zu berücksichtigen, langfristig zu planen, usw. Dies verleiht uns auch die Fähigkeit, zu mentalisieren, innere Bilder zu entwickeln und empathisch über uns selbst und andere nachzudenken.

Weisheit und Mentalisieren

Das Mentalisieren ist die wahrscheinlich wichtigste Kompetenz, die im reifen Alter richtiggehend erblühen kann. Es ist auch ein Schlüsselaspekt der existenziellen Weisheit. Weisheit erfordert Erfahrung – mehr als unser schnelles, kleinteiliges und sequenzielles Denken, wenn wir in den Zwanzigern sind, es tut. Leider ist es nicht selbstverständlich, dass man weise wird. In der Weisheitsforschung gibt es sogar ein Sprichwort, das besagt: „Weisheit kommt mit dem Alter – aber manchmal kommt das Alter allein".

Weisheit kommt mit dem Alter – aber manchmal kommt das Alter allein.

Wenn sich Weisheit entwickeln soll, müssen unsere Emotionen, die im limbischen System beheimatet sind, im Gleichgewicht sein, und die Energie im autonomen Nervensystem gut reguliert.

Gleichzeitig kann eine bessere Mentalisierung auch die neuronale Verbindung zu unseren Körperempfindungen, unserer Lebendigkeit und unseren Emotionen stärken. Ab dem mittleren Alter und während des gesamten Alterungsprozesses haben wir die Möglichkeit, tiefe Einblicke in unsere eigene Persönlichkeit und auch in andere Menschen und Beziehungen zu gewinnen.

Menschliches Verständnis basiert auf Erfahrung und Reflexion, und das sind auch wichtige Zutaten für die Entwicklung von Weisheit. Der Zweig der modernen Weisheitsforschung, der sich mit der Weisheitsentwicklung beschäftigt, ist sehr eng mit unserem Wissen über Mentalisierung verbunden. Die Weisheitsforschung beschreibt zum Beispiel die folgenden vier Fähigkeiten, die sich im Lauf des Lebens entwickeln lassen:

- Anzuerkennen, dass es von Natur aus unvermeidliche und schwierige Probleme gibt, mit denen alle Erwachsenen konfrontiert sind
- Wissen zu erlangen, das aus Einsichten stammt, die sowohl weitreichend als auch tiefgründig sind
- Zu der Erkenntnis zu gelangen, dass alles Wissen ungewiss ist und es daher nicht möglich ist, die Wahrheit jemals vollständig zu erfassen
- Die Bereitschaft und die Fähigkeit, inmitten der Ungewissheit des Lebens eigenständig Entscheidungen zu treffen und sie in die Tat umzusetzen.

Wenn es um die Entwicklung von Weisheit geht, sind wir auch stärker an den Fragen des Lebens interessiert als an den Antworten und finden gegensätzliche Ansichten spannender als ähnliche. Diese Art von Interesse ist ein guter Nährboden für die Art von Einsicht, die wir kultivieren wollen, wenn wir älter werden. Wir wollen die Fähigkeit zur freundlichen Selbstreflexion entwickeln, bei der wir auch unsere eigenen Grenzen und Fehler in den Blick nehmen können. Wir wollen lernen zu akzeptieren, dass die Welt unsicher und voller Schwierigkeiten ist. Wir möchten uns länger mit Fragen beschäftigen, anstatt auf schnellen Antworten zu bestehen. Wir wollen in der Lage sein, andere mit gütigem Blick zu betrachten, auch wenn sie ihn nicht erwidern. All diese Fähigkeiten können existenzielle Einsichten wirklich vertiefen und verfeinern.

Wir können andere mit gütigem Blick betrachten, selbst wenn sie ihn nicht erwidern.

Entwicklungsstufen des Erwachsenenalters

Die acht Entwicklungsstufen von 18 Jahren bis zum Tod.

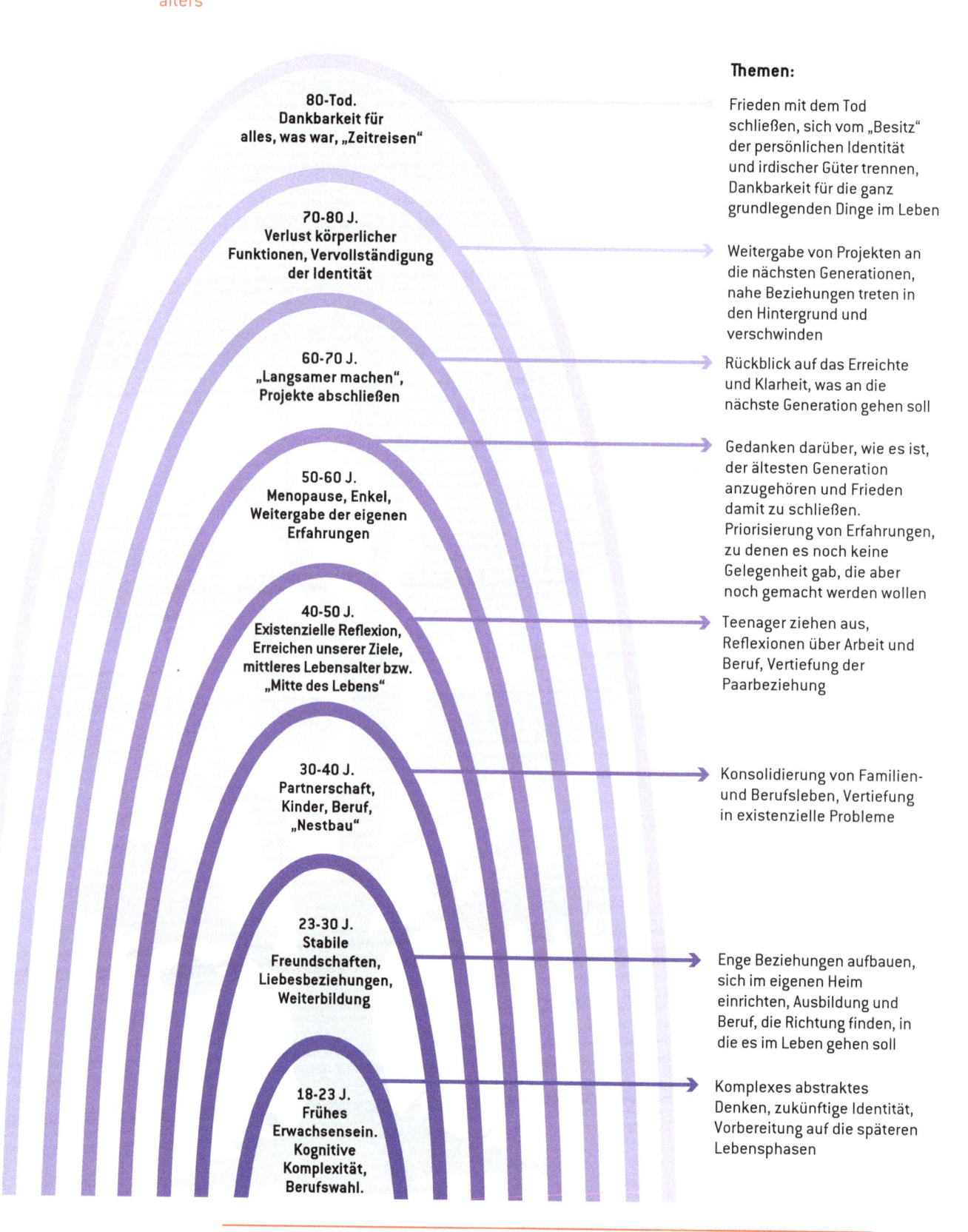

80–Tod.
Dankbarkeit für alles, was war, „Zeitreisen"

70–80 J.
Verlust körperlicher Funktionen, Vervollständigung der Identität

60–70 J.
„Langsamer machen", Projekte abschließen

50–60 J.
Menopause, Enkel, Weitergabe der eigenen Erfahrungen

40–50 J.
Existenzielle Reflexion, Erreichen unserer Ziele, mittleres Lebensalter bzw. „Mitte des Lebens"

30–40 J.
Partnerschaft, Kinder, Beruf, „Nestbau"

23–30 J.
Stabile Freundschaften, Liebesbeziehungen, Weiterbildung

18–23 J.
Frühes Erwachsensein. Kognitive Komplexität, Berufswahl.

Themen:

Frieden mit dem Tod schließen, sich vom „Besitz" der persönlichen Identität und irdischer Güter trennen, Dankbarkeit für die ganz grundlegenden Dinge im Leben

Weitergabe von Projekten an die nächsten Generationen, nahe Beziehungen treten in den Hintergrund und verschwinden

Rückblick auf das Erreichte und Klarheit, was an die nächste Generation gehen soll

Gedanken darüber, wie es ist, der ältesten Generation anzugehören und Frieden damit zu schließen. Priorisierung von Erfahrungen, zu denen es noch keine Gelegenheit gab, die aber noch gemacht werden wollen

Teenager ziehen aus, Reflexionen über Arbeit und Beruf, Vertiefung der Paarbeziehung

Konsolidierung von Familien- und Berufsleben, Vertiefung in existenzielle Probleme

Enge Beziehungen aufbauen, sich im eigenen Heim einrichten, Ausbildung und Beruf, die Richtung finden, in die es im Leben gehen soll

Komplexes abstraktes Denken, zukünftige Identität, Vorbereitung auf die späteren Lebensphasen

Lassen Sie uns an dieser Stelle einen genaueren Blick auf die Entwicklung im Erwachsenenalter werfen. Es geht dabei um lebenslange Anpassungen zugunsten eines Gleichgewichts zwischen Emotion und Reflexion, sowie kognitiver Leistung und Entwicklung von Weisheit. Was folgt, ist eine neuroaffektive Skizze der häufig zu beobachtenden Veränderungen im Gehirn und der Persönlichkeit, so wie sich in unserer Kultur vollziehen.

Wir bemühen uns, ein Gleichgewicht zwischen Emotionen und Reflexion herzustellen.

Die neuroaffektive Entwicklung im Erwachsenenalter

KAPITEL 4
18 bis 23 Jahre – Suchen und Finden

Gehirnentwicklung

Das Gehirn ist erst im Alter von 20 bis 23 Jahren voll ausgereift. Im frühen Erwachsenenalter ist es zu einer „schlanken und zielorientierten Denkmaschine" geworden. Es ist stromlinienförmig und effizient, weil sich die hormonellen und emotionalen Stürme des Jugendalters deutlich gelegt haben. Der präfrontale Kortex und die Scheitellappen reifen und verbinden sich besser mit dem Rest des Kortex, was wiederum ein höheres Maß an abstraktem Denken ermöglicht.

In diesen Jahren fällt es leichter, sich emotional zu vertiefen. Das liegt daran, dass der vordere Teil des zingulären Gyrus, der tief in den Stirnlappen liegt, und das Corpus callosum, das die rechte und linke Gehirnhälfte miteinander verbindet, aktiver sind.

Das Corpus callosum und der vordere zinguläre Gyrus

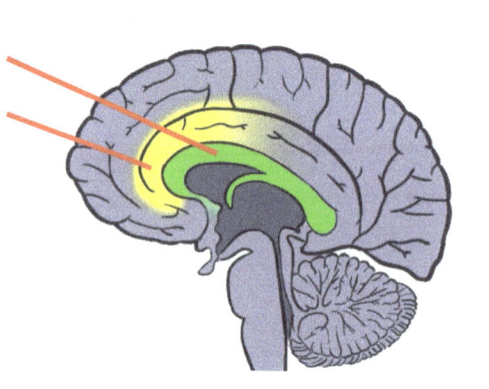

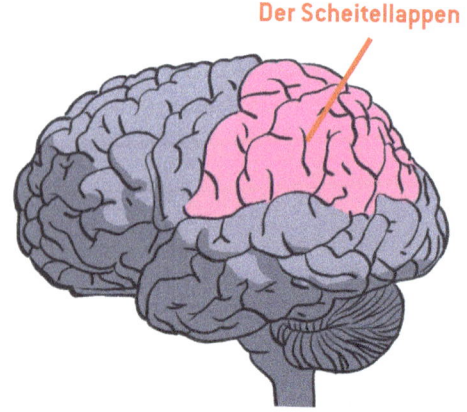

Der Scheitellappen

Durch die Reifung des vorderen zingulären Gyrus werden unsere Denkprozesse allmählich weniger von Emotionen und Impulsen überrollt. Dieser Teil des Gehirns verknüpft Emotionen und Gedanken und fördert Gefühle der Fürsorge. Der äußerste Teil unseres präfrontalen Kortex, der uns zum logischen und rationalen Denken befähigt, ist eng mit den Scheitellappen verbunden, die es uns ermöglichen, das, was passiert, auf der körperlichen Ebene zu empfinden. All diese Schaltkreise fördern die Fähigkeit, die Realität wahrzunehmen und Wahrnehmungen an der Realität zu überprüfen. Außerdem fördert dieser Prozess das differenzierte abstrakte Denken – vor allem jenes, das auch unsere Empathie erhöht.

Es kann im frühen Erwachsenenleben zu vielen Enttäuschungen kommen – und Trost suchen wir bei unseren Freund:innen, nicht unseren Eltern!

Im frühen Erwachsenenalter kann es sein, dass wir viel und oft Trost brauchen, denn es ist eine Zeit, in der wir auf eigenen Füßen stehen, in der es aber auch zu vielen Enttäuschungen kommen kann. Wir machen vielleicht die Erfahrung, dass eine Beziehung zerbricht oder dass wir zur Ausbildung in unserem Traumberuf nicht zugelassen werden. Gleichaltrige werden wichtiger und die Nähe zu unseren Eltern nimmt meist ab. Wir haben unser eigenes Leben und erzählen unseren Eltern nicht mehr alles.

Sich Ausprobieren, Ausbildung und Ausrichtung im Leben

Mit Anfang 20 sind viele mit der Wahl eines Studiums oder einer Ausbildung beschäftigt. Es kann ein paar Jahre dauern, ein Gefühl dafür zu bekommen, was die richtige Wahl wäre. Ein höherer Schulabschluss ist nichts Besonderes mehr, und danach müssen sich viele neu ausrichten. Oft lassen sich junge Menschen ein paar Jahre Zeit und erkunden erst einmal auf ausgedehnten Reisen, die sie über verschiedene Gelegenheitsjobs finanzieren, die Welt.

Wer bin ich und wohin will ich auf der Welt?

Wir Menschen sind gesellige und höchst soziale Säugetiere; deshalb haben wir in allen Lebensabschnitten das starke und intensive Bedürfnis, mit vielen anderen zusammen zu sein. In diesen frühen Erwachsenenjahren festigen sich Freundschaften. Das Lebenstempo ist oft hoch – auf Partys, im Freundeskreis und mit Experimenten mit verschiedenen Lebensformen.

Temporeich: Partys, Freunde und Experimente mit Lebensformen

Die Jahre der Neugierde und des gesellschaftlichen Umbruchs

Viele von uns beginnen sich in ihren späten Teenagerjahren und frühen Zwanzigern für Politik zu interessieren. Oft haben wir das Gefühl, dass wir für die gesellschaftlichen Werte kämpfen müssen, an die wir glauben. Das machen wir vielleicht, indem wir an Demos teilnehmen oder uns Interessengruppen anschließen, wie z.B. der Frauenbewegung oder einer Klima- oder Umweltschutzorganisation.

Wir können auch die traditionellen Lebensentwürfe in Frage stellen, zum Beispiel indem wir uns für eine Wohngemeinschaft entscheiden. Viele entschließen sich zur Gründung einer Familie und leben entweder in einer Wohnung oder, wenn möglich, in einem Haus. Mit Anfang 20 ziehen viele für Studium oder Ausbildung woanders hin. Die Wohnungen junger Leute sind oft der Ort für Partys und Treffen mit Gleichaltrigen. Manche ziehen auch in eine kleinere Wohnung in einer größeren Stadt, oft mit finanzieller Unterstützung ihrer Eltern. Allerdings lebt etwa die Hälfte aller jungen Menschen in diesem Alter noch bei den Eltern.

Freundschaften und Beziehungen

In unseren Zwanzigern schaffen wir uns allmählich eine Identität, die sich ziemlich natürlich für uns anfühlt, und bauen gleichzeitig enge Beziehungen und Gemeinschaften auf, die stabil und beständig sind. Beziehungen erfordern emotionale Reife. In diesem Alter brauchen wir den Mut, zu wissen, was uns entspricht und was für uns funktioniert, um eine gute Beziehung führen zu können. Das bedeutet in weiterer Folge auch, dass wir zu unseren Kindern eine gute Beziehung entwickeln und tiefe Freundschaften und dauerhafte Arbeitsbeziehungen aufbauen können.

Lebenskrisen und das Gefühl, unglücklich zu sein

Die jungen Menschen in Europa stehen unter großem psychischen Druck. Mehr als die Hälfte der jungen Frauen und ein Drittel der jungen Männer leiden unter Stress. Auf Facebook postete eine Gruppe von 25-Jährigen diese zehn schwierigen Forderungen, die an junge Menschen gestellt werden:

1. Sei besser als die anderen, aber gib nicht damit an.
2. Sieh gut aus, aber konkurriere nicht mit dem Aussehen anderer.
3. Liebe dich selbst, aber kümmere dich um andere.
4. Denke nach und übernimm Verantwortung, aber sei nicht zu vernünftig und zerpflück nicht gedanklich alles.
5. Genieße das Leben, aber denke nicht nur an dich.
6. Sei fürsorglich, aber nicht überfürsorglich.
7. Sei ein Gewinner, aber sei nicht wettbewerbsorientiert.
8. Entwickle dich weiter, aber vergiss nicht zu entspannen.
9. Denke an dich, aber nimm Rücksicht auf andere.
10. Sei, wer du bist, aber mach es so, dass die anderen dich für einen guten Menschen halten.

Die zehn Gebote

18 bis 23 Jahre – Suchen und Finden

In diesem Alter ist es schwierig, einerseits den Erwartungen der Gleichaltrigen und andererseits dem gesellschaftlichen Druck, eine höhere Ausbildung zu beginnen, gerecht zu werden. Viele junge Menschen sind so unzufrieden mit ihrem Aussehen, dass sie sehr schwer arbeiten, um sich Korrekturen in Richtung des „richtigen" Aussehens leisten zu können, z.B. in Form von Schönheitsoperationen oder Laser- und Botoxbehandlungen. In dieser Lebensphase fällt es uns sehr schwer, das Gefühl zu haben, gut genug zu sein, und selbst junge Menschen mit hohem Selbstwertgefühl sind zuweilen unsicher, ob sie unter ihresgleichen wirklich akzeptiert werden und „dazugehören".

Lebensthemen
- Beziehungen
- Stabile Freundschaften
- Identität
- Ausbildungs- und Berufswahl
- Wie will ich wohnen?
- Reisen, um die Welt zu erkunden

KAPITEL 5
23 bis 30 Jahre – Ausrichtung im Leben und Partnerschaft

Im Gehirn geht die Entwicklung weiter, die in den Jugendjahren begann. Mit Mitte 20 haben sich die hormonellen, neuronalen und sozialen Turbulenzen der Pubertät endlich gelegt. Es fällt uns leichter, unsere Gefühle nicht mehr so sehr nach oben oder unten ausschlagen zu lassen; die Überprüfung unserer Wahrnehmung an der Realität verbessert sich und unsere Problemlösung wird realistischer. Wir gehen bei Problemen nicht einfach ins Bett und ziehen uns die Bettdecke über den Kopf. Stattdessen können wir alle schwierigen Emotionen eines Konflikts aushalten und trotzdem konstruktiv denken.

Der vordere Teil des zingulären Gyrus ist für viele verschiedene Funktionen von entscheidender Bedeutung. Er ist an der emotionalen Selbstkontrolle beteiligt, an der Fähigkeit, sich auf wechselnde nahe Beziehungen einzulassen, an der gezielten Problemlösung und an der Fähigkeit, Fehler als solche zu erkennen und die eigenen Reaktionen anzupassen. Die äußeren Teile des Stirnlappens sind für kognitive Fähigkeiten zuständig, während die mittleren Anteile mit Emotionen zu tun haben. Letztere sorgen auch für eine bessere Selbstbeherrschung und sind bei Menschen mit größerer sozialer Einsicht und Reife besser entwickelt.

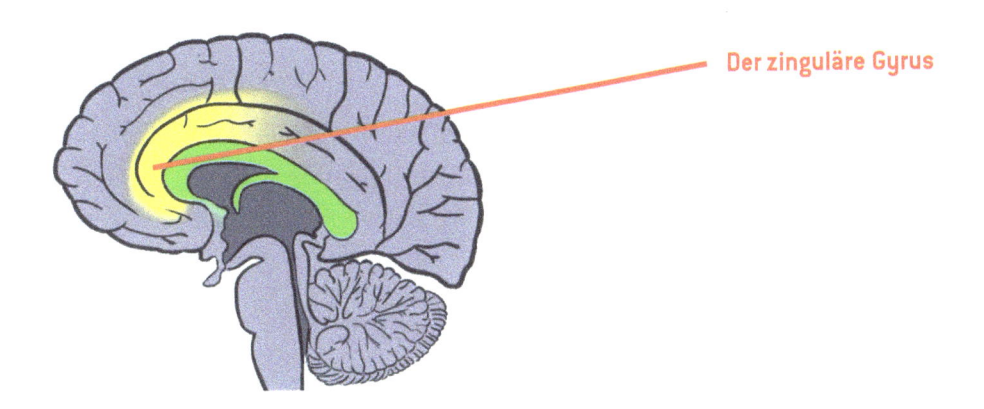

Der zinguläre Gyrus

Die mittleren und äußeren Areale des Stirnlappens spielen zusammen eine wichtige Rolle in der Entwicklung des Mentalisierens. Sie verbinden Wahrnehmungsfähigkeit mit Empathie und der Fähigkeit, über Gefühle nachzudenken. Diese Bereiche besitzen auch zahlreiche Verbindungen zu anderen Teilen des Gehirns, so dass die Aktivitäten von vielen Stellen aus koordiniert werden können. Wir erlangen mehr Selbstbeherrschung und können uns schließlich auf schwierige Probleme konzentrieren.

Die äußersten Randbereiche des Stirnlappens spielen eine wichtige Rolle in der Verknüpfung von Wahrnehmungsfähigkeit und Empathie.

Nestbau

In unseren 20ern treffen wir uns an den Wochenenden und während der Sommerferien in Bars und Clubs auf der Suche nach einem kurzen Abenteuer oder einer langfristigen Beziehung. Die Herausforderung besteht darin, „uns selbst zu finden" – und gleichzeitig eine enge und liebevolle Beziehung zu jemand anderem zu entwickeln. Während Frauen oft versuchen, eine stabile Beziehung aufzubauen, haben viele Männer Angst vor einer festen Bindung.

In unseren 20ern gibt es vielleicht Aktivitäten oder Persönlichkeitsmerkmale, die wir schätzen, aber aufgeben müssen, weil sie an unserem Arbeitsplatz oder von unserem Partner bzw. unserer Partnerin nicht akzeptiert werden. Vielleicht will unser Partner nicht, dass wir Radsport treiben – es sei zu gefährlich. Die Forderung, den Sport aufzugeben, aktiviert im Grunde die Angst, uns selbst zu verlieren, und diese Angst kann dazu führen, dass wir Nähe meiden. Das ist auch deshalb problematisch, weil wir Menschen überaus soziale Wesen sind.

Die Herausforderung besteht darin, sowohl sich selbst zu finden als auch eine liebevolle Beziehung aufzubauen.

Viele Frauen fangen jetzt an, über das Kinderkriegen nachzudenken, während viele Männer etwas länger brauchen. Im Durchschnitt sind Frauen etwa 29 Jahre alt, wenn das erste Kind kommt. Viele bekommen ihr erstes Kind allerdings erst in ihren Dreißigern. Immer mehr Menschen nehmen auch die Hilfe einer Kinderwunscheinrichtung in Anspruch.

Erste Schwangerschaft ...

Beruf

In ihren späten Zwanzigern sind viele damit beschäftigt, ihr Studium bzw. ihre Ausbildung abzuschließen und ins Berufsleben einzusteigen, vielleicht auch mit Aufstiegsmöglichkeiten im Blick. Andere springen von einem Studium zum nächsten – und haben Angst, doch auch wieder keinen Abschluss zu machen und es einfach nicht zu schaffen, sich eine berufliche Identität aufzubauen.

Im Verlauf dieses Jahrzehnts werden Identität und Lebensausrichtung klarer, und das Verantwortungsbewusstsein für unser persönliches Leben, die Gesellschaft und die Umwelt wächst ebenfalls. Dieses Verantwortungsbewusstsein ist auch eine notwendige Grundlage für unseren Umgang mit unseren langfristigen Zielen und Verpflichtungen in den größeren Zusammenhängen, denen wir angehören.

... oder Berufsstart als frischgebackene Ärztin.

Mit Ende 20 wissen wir ziemlich genau, wer wir sind, und wir sind bereit für eine tiefere intime Beziehung. Viele von uns gehen eine feste Bindung ein, einige bekommen Kinder, Studium und Ausbildung sind abgeschlossen und das Arbeitsleben stabilisiert sich. Die schnelle und wilde Dopamin-Energie der Teenagerjahre lässt nach und das Verantwortungsbewusstsein nimmt zu.

23 bis 30 Jahre – Ausrichtung im Leben und Partnerschaft

Lebenskrisen und Unzufriedenheitsgefühle

Lebenskrisen werden weitgehend von unserer Kultur beeinflusst. Umfragen zeigen, dass junge Menschen im Allgemeinen unglücklich sind. In unserer leistungsorientierten und individualisierten Kultur herrschen viele Widersprüche und Anforderungen, und junge Menschen haben das Gefühl, ihnen allen gerecht werden zu müssen. Auf der einen Seite gibt es eine Fülle von Möglichkeiten und es liegt am bzw. an der Einzelnen, sich für eine bestimmte Richtung in seinem oder ihrem Leben zu entscheiden. Auf der anderen Seite stellt die Gesellschaft Anforderungen – wie zum Beispiel einen bestimmten Notendurchschnitt, will man zum Studiengang seiner Träume zugelassen werden. Wir haben das Gefühl, dass wir uns nicht leichtfertig ablenken lassen, sondern uns auf unsere Zukunft konzentrieren sollten.

Frei wie ein Vogel: „Mich halten keine Fäden fest!"

Die Angst vor Verbindlichkeit kann die Entwicklung von Identität und Nähe behindern oder gar unmöglich machen. Weder Liebe noch tiefe Freundschaft sind möglich ohne den Mut zu Nähe und ohne die nötigen Fähigkeiten, sie auch zu entwickeln. Fehlt es uns daran, kann das am Ende dazu führen, dass wir uns einsam und isoliert fühlen und das Gefühl bekommen, dass wir unsere Identität verloren haben – dass wir uns selbst nicht mehr finden können. Die Schwierigkeit im frühen Erwachsenenalter liegt darin, dass wir es nicht wagen, den einen oder anderen Aspekt von uns aufzugeben, der für den Kompromiss wichtig wäre, der die Liebe im Kern ausmacht.

Lebensthemen
- Lebensausrichtung
- Lebensweise
- Wirtschaftliche Fragen
- Nestbau-Impulse
- Fester Partner bzw. feste Partnerin
- Gedanken an eigene Kinder

KAPITEL 6
30 bis 40 Jahre: Konsolidierung des Familienlebens und Kooperation

Nach den intensiven Prozessen der Identitätsfindung, der Intimität, der Lebensentscheidungen und der Übergänge in unseren Zwanzigern beginnen wir in den Dreißigern, gewisse feste Abläufe zu entwickeln. Für viele ist das der Zeitpunkt, zu dem sie gefestigter werden und sich mit den Strukturen, der Vorhersehbarkeit und dem Rahmen, den das Leben bietet, wohler fühlen. Das Leben wird ruhiger.

Im vierten und fünften Lebensjahrzehnt stabilisiert sich die Anzahl der Neuronen, und die Funktion der äußeren präfrontalen Strukturen beginnt nachzulassen, während sich die Strukturen im mittleren Teil des Stirnlappens stabilisieren. Das bedeutet, dass sich die Art und Weise, wie wir Probleme lösen, zu verändern beginnt. Wir gehen von einer schnellen und effizienten Problemlösungsstrategie, ähnlich wie beim Nachkochen eines Kochrezepts, zu einer entspannteren und intuitiveren Verarbeitung über. Wir können uns weitgehend auf das Wissen verlassen, das wir bereits erworben und im Langzeitgedächtnis gespeichert haben, und es nutzen.

Dies wird als immer zutreffendere Intuition erlebt, und es tun sich immer mehr Möglichkeiten auf, diese neue Fähigkeit zu nutzen und an der Realität zu erproben.

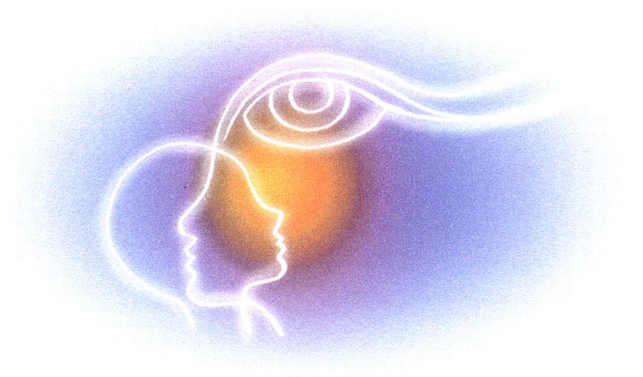

Intuition

In unseren Entscheidungsprozessen wirken immer stärker intuitives Wissen und rationales Denken zusammen, was uns die Möglichkeit gibt, unsere Fähigkeit zum Mentalisieren zu stabilisieren. Auch ohne unsere bewusste Kontrolle oder unser bewusstes Zutun sehen wir die Essenz bzw. das vollständig geformte Ganze, wie es aus den wortlosen Schichten unseres Geistes an die Oberfläche tritt.

Beruf und Familie

Bei den meisten Menschen haben sich mittlerweile bestimmte feste Abläufe in der Arbeit und allgemein im Leben etabliert. Es entsteht zunehmend das Gefühl, den Beruf und das Leben allgemein gut im Griff zu haben. Wir haben ein Alter erreicht, in dem wir in vielen Lebensbereichen Erfahrungen gesammelt haben und beginnen, neue Situationen durch die Brille der Erfahrungen und des Wissens zu betrachten, die wir bereits haben.

Aber es ist auch ein Alter, in dem viele von uns anfangen, sich mit unerfüllten Erwartungen auseinanderzusetzen: „Ich sollte jetzt bald mal Kinder kriegen, ich sollte mittlerweile doch schon verheiratet sein, ich sollte doch eigentlich einen Job haben, den ich wirklich gern mache."

Tja... eigentlich sollte ich ja im Büro sitzen ...

Für diejenigen von uns, die sich mit Anfang 20 für einen Beruf oder eine Ausbildung entschieden haben und dabei geblieben sind, entwickelt sich zu Beginn dieses Lebensjahrzehnts zunehmend das Gefühl von Meisterschaft und Erfolg. Die Jahre der Ausbildung liegen hinter uns, wir wenden das Gelernte an und festigen und erweitern es im Beruf. Der Druck ist groß und wir wollen unser Bestes geben, aber gleichzeitig sind unsere Kinder noch klein und brauchen uns ebenfalls.

Die Uhr tickt – wir müssen ein Gleichgewicht herstellen zwischen Beruf und Finanzen auf der einen, und Liebe, Familie und Zeit in der Natur auf der anderen Seite.

Beruf und Geld

Familie, Natur, Liebe

Zusammenarbeit in Elternschaft und Beziehung

In ihren Dreißigern entscheiden sich viele für eine feste Beziehung und eigene Kinder. In unserer heutigen Gesellschaft ist dies jedoch viel weniger üblich als noch vor 50 Jahren. Eine wachsende Zahl an Menschen wartet mit der Familiengründung lieber noch etwas. und entscheidet sich den Job zu wechseln oder beruflich ganz umzusatteln.

Für Frauen ist dieses Jahrzehnt das letzte, in dem es noch relativ einfach ist, schwanger zu werden. Für Männer sind dieses und das nächste Jahrzehnt die besten, um Kinder zu bekommen. Insgesamt haben wir noch viel Energie und können die vielen schlaflosen Nächte mit kleinen Kindern gut verkraften. Aber die Planung und Entscheidung, Kinder zu bekommen, erhöht auch den Druck auf andere Pläne, Verpflichtungen und Lebensentscheidungen, denn die biologische Uhr tickt.

Wenn wir Kinder haben, heißt das, dass sie oft noch klein sind und uns viel abverlangen. Gleichzeitig stehen wir am Anfang unserer Berufslaufbahn, vor allem, wenn wir eine höhere Ausbildung haben. Ab diesem Zeitpunkt beginnt der ständige Balanceakt, für unsere Kinder da zu sein, für ihr Wohlergehen zu sorgen und ihre Entwicklung zu fördern, und uns gleichzeitig auf unseren Beruf zu konzentrieren.

Der ewige Balanceakt zwischen Beruf und Familie

Wir haben viele schlaflose Nächte. Wir müssen die Kinder zum Fußballtraining, zum Pfadfindertreffen, in die Musikstunde und zum Sport fahren. Wir müssen an Elternabenden teilnehmen und die Erwartungen von Kindergarten und Schule an Mitarbeit und Engagement der Eltern erfüllen. In der Arbeit gilt es Termine einzuhalten und Kennzahlen zu erreichen.

Viele Familien mit kleinen Kindern und Eltern in ihren Dreißigern fühlen sich sehr gestresst und erleben es als fast unmöglich, ihre Zeit zu managen.

Einige von uns haben ein Erfolgserlebnis – wir haben geheiratet, eine Familie gegründet und eine Berufslaufbahn eingeschlagen. Wir „schöpfen unser Potenzial aus". Deshalb ist es eine unangenehme Überraschung, wenn wir zu denen gehören, die bemerken, dass sie nicht so glücklich sind, wie sie dachten. Das kann dazu führen, dass wir mit etwas hadern, was sich wie ein Misserfolg anfühlt, obwohl es wie ein Erfolg aussieht. Die Kluft zwischen Erwartungen und Realität tut sich für viele völlig unerwartet auf.

Da gibt es den Traum von der glücklichen Familie – und es gibt auch die Familie, wie sie in der Realität ist.

„Glücklichsein" als ultimatives Ziel der persönlichen Weiterentwicklung erhöht für uns zwischen 30 und 40 durch bestimmte schlagwortartige Aufforderungen den Druck nur noch weiter: Folge deiner Leidenschaft! Gib niemals auf! Irgendwann gegen Ende dieses Lebensjahrzehnts gelingt es uns allerdings häufig, uns von solchen Klischees zu lösen.

Lebe glücklich und zufrieden! Liebe dich selbst! Nimm in 2 Wochen 30 Kilo ab!

Persönliche Entwicklung

In unseren Dreißigern fällt es uns leichter, das ganz gewöhnliche Erwachsenenleben anzunehmen, das die meisten von uns führen, auch wenn uns immer noch viel abverlangt wird, um gefühlt „gut genug" zu sein. Wir haben immer noch das Gefühl, das Leben vor uns zu haben. Es wird einfacher, uns unserer Träume, unserer Bedürfnisse und unserer realistischen Möglichkeiten bewusst zu werden. Es fällt uns leichter, gute Ratschläge zu befolgen. Wir vergleichen uns nicht mehr so sehr mit anderen und empfinden größere Dankbarkeit für das, was uns zuteil geworden ist.

Wir werden mittlerweile unweigerlich einige Rückschläge erlebt haben. Wir haben aus unseren Erfahrungen gelernt und haben die Möglichkeit, uns mit existenziellen Fragen zu beschäftigen, die mehr mit unseren persönlichen Lebensumständen zu tun haben als mit den idealistischen Visionen unserer Jugend. In diesem Lebensabschnitt beginnen wir, über unseren Lebensweg nachzudenken und Möglichkeiten zu finden, ihn zu festigen.

Lebenskrisen

Eine Last, die wir uns in unserer westlichen Kultur aufbürden, tritt in diesem vierten Lebensjahrzehnt deutlich zutage: die ständige Forderung nach Selbstentfaltung im Berufs- und Privatleben und die Notwendigkeit, sich unablässig anzupassen und zu verändern.

Im Berufs- wie im Privatleben werden ununterbrochen Weiterentwicklung und Anpassungsfähigkeit gefordert.

Viele von uns haben sich damit abgefunden und sehen Glück als etwas an, das sich ergibt, wenn wir „selbst die Verantwortung übernehmen". Wir denken, wir müssten an dieser Eigenverantwortung arbeiten, indem wir lernen, positiv zu denken oder Achtsamkeit zu praktizieren, oder indem wir uns bewusst machen, in welch glücklicher Lage wir doch eigentlich sind. Diese Art des Westens, Probleme zu individualisieren, kann zu einem schonungslosen Optimismus führen. Vielleicht ist das auch eine der Hauptursachen für Stress in der westlichen Welt.

Alles in allem geht es in diesem vierten Lebensjahrzehnt darum, eine realistischere Lebenseinstellung zu gewinnen, zu unserer Verantwortung für uns selbst zu stehen, aber auch mehr politische Verantwortung für unsere Gesellschaft zu übernehmen. Letztere besteht darin, uns dafür einzusetzen, wie wir uns wünschen, dass für das größere Ganze gesorgt wird – und das abzuwägen gegen die Ressourcen, die wir lieber ganz eigennützig für uns in Anspruch nehmen wollen.

Lebensthemen
- Partnerschaft
- Kinder
- Arbeit finden
- Finanzen
- Freizeitaktivitäten
- Wohnen und Mobilität
- Beruf und Erfolg

Denk positiv!
Sei optimistisch!

KAPITEL 7

40 bis 50 Jahre – Existenzielle Reflexion und der neue innere Weg

Im fünften Lebensjahrzehnt bilden sich neue neuronale Verbindungen nicht mehr so schnell wie bisher. Außerdem beginnen die neuronalen Netzwerke, die die linke und rechte Gehirnhälfte verbinden, schwächer zu werden.

Der linke und äußere Teil des präfrontalen Kortex ermöglicht uns unser logisches Denken. Tiefer im Gehirn sind die Stirnlappen für Empfindungen, Emotionen und das Erleben neuer Zusammenhänge zuständig, vor allem auf der rechten Seite. Die Aktivität der linken Seite kommt jetzt langsam zum Stillstand, während sie auf der rechten Seite noch sehr stark ist. Die rechte Seite ist auch früher entwickelt als die linke und spielt eine wesentliche Rolle in allen grundlegenden emotionalen Prozessen. Sie erhöht unsere Fähigkeit, mit Emotionen umzugehen und soziale Situationen zu verarbeiten, ohne uns emotional überwältigt zu fühlen.

Das logische Denken beginnt zu stagnieren, während das emotionale und intuitive Denken nach wie vor sehr aktiv ist.

Dadurch nimmt unser Arbeitsgedächtnis ab, während unsere emotionale Ausgeglichenheit und die Fähigkeit, soziale Situationen zu verarbeiten, zunehmen. Wir werden immer abhängiger von gespeichertem und erlerntem Wissen, das automatisch abrufbar ist, und es fällt uns schwerer, Neues zu lernen. Stattdessen verlassen wir uns stärker darauf, die Fähigkeiten, die wir bereits haben, zu nutzen und zu verfeinern.

Wenn die linke Hemisphäre weniger aktiv ist, können Post-Its als Teil unseres „externen Gedächtnisses" fungieren.

Von Kindern in der Pubertät und Kindern, die ausziehen

Wenn wir Kinder haben, wachsen sie in diesem Lebensjahrzehnt der Eltern oft in ihre Teenagerjahre hinein. Sie werden unabhängiger, und das kann ein ziemlich turbulenter Prozess sein. Eltern sprechen oft von der „schrecklichen Pubertät"; sie versuchen Klarheit zu gewinnen, was sie ihren Kindern erlauben können und wo sie Grenzen ziehen müssen. Die vielen emotionalen Ausbrüche und Zweifel im Leben unserer Teenager können uns zweifeln lassen, ob wir gute Eltern sind, ob wir für das bleibende Wohl unseres Kindes gut genug gesorgt haben, und so weiter. Natürlich werden solche eventuell vorhandenen düsteren Gedanken durch Pandemien, Klimakrisen und Kriege noch weiter verstärkt.

Jugendliche empfinden die Versuche ihrer Eltern, mit ihnen in Kontakt zu kommen, häufig als übergriffig und nervig.

Wenn wir Eltern gegen Ende 40 sind, sind unsere Kinder oft schon junge Erwachsene und stehen kurz vor Beginn einer höheren Ausbildung. In dieser Zeit beschäftigt uns die Frage sehr, wie es ihnen wohl geht, während wir versuchen, uns ihnen nicht aufzudrängen. Es gilt, uns zurückziehen und nur dann für sie da zu sein, wenn sie uns brauchen. Wir müssen uns daran gewöhnen, sie zu ermächtigen und darauf zu vertrauen, dass sie jetzt weitgehend selbst zurechtkommen.

Am Ende dieses Lebensjahrzehnts verlassen viele unserer Kinder das elterliche „Nest" und bauen sich ihr eigenes Leben auf. Wenn die Kinder von zu Hause ausziehen oder entsprechende Pläne haben, können wir Eltern dies als persönliche Herausforderung erleben, oder aber auch als Chance nutzen, die uns den Weg zum Nachdenken und zu neuen Lebensperspektiven ebnet. Vor allem Frauen können in dieser Phase in eine tiefe Lebenskrise stürzen. Die Erfahrung des „leeren Nests" muss oft erst noch verarbeitet werden.

Die Kinder ziehen aus.

Berufliche Konsolidierung

In unseren Vierzigern kommen wir an einen Punkt im Leben, an dem wir auf unsere beruflichen Entscheidungen zurückblicken und wissen wollen, wo wir nun stehen. „Hat es sich so entwickelt, wie ich es mir erträumt habe?" Wenn wir nicht zufrieden sind, ist es jetzt an der Zeit, den Traumjob zu finden ... bevor es zu spät ist.

JA! Mein Traumjob!

In dieser Zeit wird es auch wichtiger zu prüfen, ob wir für unser Alter ausreichend vorgesorgt und uns eine Rente gesichert haben, von der wir leben können.

Wir beginnen darüber nachzudenken, ob wir fürs Alter ausreichend finanziell vorgesorgt haben.

Persönliche Entwicklung

Wenn sich unsere Emotionen beruhigen und unsere intensiven kognitiven Prozesse verlangsamen, entsteht bei einigen von uns der Wunsch danach, sich innerlich zu vertiefen und sich auf liebevolle Beziehungen zu konzentrieren. Wir haben auch den Raum, um unsere Beziehung zu stärken und ihr noch mehr Tiefe zu verleihen, und es kann gut sein, dass wir mal wieder ein romantisches Wochenende planen.

Es kann wieder romantische Abende geben ...

Familie und Beruf passen auf eine ganz andere Art und Weise zusammen, und unsere Schuldgefühle darüber, dass wir diese beiden Felder nicht unter einen Hut bringen können, nehmen ab. An diesem Punkt stürzen wir uns oft in den Beruf oder in die Freiwilligenarbeit. Für viele wird das Leben ruhiger. Manchmal fahren wir mit den Kindern in Urlaub, manchmal ohne sie, und diese Flexibilität setzt auch Energie für mehr innere Einkehr und Reflexion frei.

Und es wird möglich, die Achtsamkeit zu erkunden …

Existenzkrisen

Viele Menschen erleben mit Anfang Vierzig eine Existenzkrise. Die ewige Jugend ist vorbei. Wir zählen nun zu den Menschen „mittleren Alters" – was dazu führen kann, dass wir uns ängstlich fragen, ob wir die richtigen Entscheidungen im Leben getroffen haben. In dieser Zeit kann die Angst vor dem Alter bei manchen dazu führen, dass sie sich jüngere Partner bzw. Partnerinnen suchen. In diesem Lebensjahrzehnt ist jedes neue graue Haar besonders deutlich.

Um Himmelswillen! Ein graues Haar!

Wenn wir nicht wissen oder spüren, dass wir einen sinnvollen Beitrag zur Gesellschaft bzw. dem größeren Ganzen leisten, kann es passieren, dass wir nur mehr oberflächlich damit in Kontakt sind. Dann stellt sich ein Gefühl der Stagnation ein. Wir ziehen uns in unsere persönlichen Interessen und Belange zurück, machen uns Sorgen um unsere Gesundheit und wollen, dass der Sozialstaat einspringt. Wir verlieren die anderen aus dem Blick und fordern stattdessen die Erfüllung unserer eigenen Bedürfnisse. Der Wunsch nach persönlichen Herausforderungen, z. B. durch die Beschäftigung mit anderen Weltanschauungen und Werten, verschwindet. Wir werden bedürftig, verbittert und haben das Gefühl, dass das Leben ohne uns stattfindet und einfach an uns vorüberzieht. Die Verantwortung dafür wollen wir aber noch nicht bei uns sehen.

Alle anderen sind glücklich und haben alles, was ich auch so gern hätte, was mir aber immer verwehrt bleiben wird ...

Lebensthemen
- Beruflicher Erfolg
- Beruflicher Aufstieg
- Möglicher Jobwechsel
- Kinder im Teenageralter, Bonuskinder
- Scheidung, Wechsel des Partners bzw. der Partnerin
- Umzug an einen Wohnort oder in ein Zuhause, das besser zu den persönlichen Träumen passt

KAPITEL 8
50 bis 60 Jahre – Innere Kontemplation

Zwischen 50 und 60 laufen die für das rationale Denken und das Kurzzeitgedächtnis zuständigen Verarbeitungsprozesse langsamer ab. Dies liegt daran, dass die Aktivität im äußeren Teil der Stirnlappen und im Hippocampus weiter abnimmt und sich insgesamt verlangsamt. Vor allem der Hippocampus ist für die Stressbewältigung von zentraler Bedeutung: in dem Maße, in dem er schwächer wird, reagieren wir empfindlicher auf Stress.

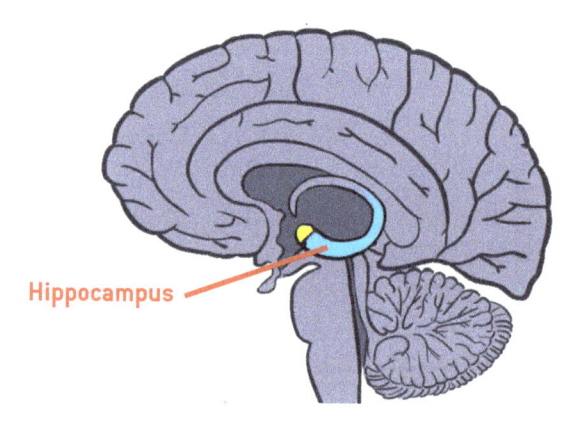

Hippocampus

Wir haben auch Probleme mit unserem bewussten Gedächtnis, und das führt oft dazu, dass wir Schwierigkeiten haben, ein bestimmtes Wort oder unsere Hausschlüssel zu finden. Die neuronalen Netzwerke, d.h. die Verbindungen zwischen den einzelnen Neuronen, werden weniger und schwächer. Wenn wir über fünfzig sind, sind jeweils weite Teile des Gehirns mit einer Aufgabe beschäftigt, die wir in unseren Zwanzigern mit einem einzigen Hirnareal erledigen konnten. Dadurch nimmt die mentale Verarbeitungsgeschwindigkeit ab.

Gleichzeitig wird das wortlose und unbewusste Gedächtnis effizienter, weil bestimmte Bereiche noch intakt sind: die tiefer gelegenen Areale des emotionalen und beziehungsorientierten limbischen Systems und der mittlere Teil der Stirnlappen.

Unser Denken wird langsamer. Wenn wir über fünfzig sind, sind jeweils weite Teile des Gehirns mit einer Aufgabe beschäftigt, die wir in unseren Zwanzigern mit einem einzigen Hirnareal erledigen konnten.

Das bewusste Erinnerungsvermögen nimmt also ab, während unser Blick auf die Dinge immer ganzheitlicher und gleichzeitig differenzierter wird, was unsere Intuition verfeinert. Das jüngere Gehirn geht bei der Problemlösung eher zielgerichtet und systematisch vor, wohingegen das reifere Gehirn eine Situation viel globaler erfasst und diese Informationen intuitiv mit den früheren Lebenserfahrungen verbindet. Während sich das alternde Gehirn auf diese neue Funktionsweise umstellt, profitieren wir sehr davon, weiterhin neue Erfahrungen zu machen und Neues zu lernen. Ein ständiger Prozess des Verfeinerns bestehender und des Erlernens neuer Fähigkeiten sorgt dafür, dass unsere Intuition immer auf dem neuesten Stand ist und unsere Lernfähigkeit so hoch wie möglich bleibt.

Der Beruf

Das Berufsleben ist immer noch in vollem Gange. Die meisten von uns sind beruflich an einem Punkt, an dem wir mit unserem Job zufrieden sind und so lange weitermachen wollen, wie es für uns stimmig ist. In diesem Lebensjahrzehnt kann ein Jobverlust eine große Krise auslösen. Wir beklagen uns darüber, dass die Gesellschaft immer wieder beteuert, wie wichtig die Älteren sind und wie sehr sie gebraucht werden, und dass sich dies im praktischen Leben für uns aber ganz anders anfühlt.

Wir verspüren das wachsende Bedürfnis, Dinge zu schaffen, die unser persönliches Leben überdauern und zum Wohl zukünftiger Generationen beitragen. Viele von uns fühlen sich berufen, etwas am großen Ganzen zu verändern. So setzen wir uns vielleicht aktiv für den Umweltschutz oder den Erhalt der Artenvielfalt ein, oder unterstützen besonders vulnerable Bevölkerungsgruppen wie etwa misshandelte Frauen oder Geflüchtete.

Wir genießen es, wenn wir als Ältere tatsächlich gehört und gebraucht werden!

Dazu gibt es viele Möglichkeiten. Vielleicht setzen wir uns dafür ein, die Qualität unseres Arbeitsumfelds zu verbessern. Doch im Vergleich zu unseren jüngeren Jahren hat sich etwas verändert: Der Drang, unsere beruflichen, geschäftlichen und persönlichen Projekte auszubauen, ist nicht mehr so stark.

Persönliche Entwicklung

In diesem Alter wird es uns wichtig, uns einen komfortablen Ruhestand zu sichern. Wir überprüfen unsere Pläne und modifizieren sie, wo nötig.

Wenn wir das Gefühl haben, dass unser Fundament sicher und stabil ist, können wir uns als Teil eines größeren Ganzen erleben. Dann geht es uns nicht mehr so sehr um den Ausdruck unserer persönlichen Identität, sondern wir sehen unsere Rolle darin, diesem größeren Ganzen zu dienen. Wenn wir auf diese Weise einen Beitrag zu unserem Lebensumfeld – bzw. zur Welt – leisten, entsteht in uns das Gefühl eines tieferen Lebenssinns.

Wir beginnen uns als Teil eines größeren Ganzen zu sehen.

Enkel und das Leben als Ältere

Wenn wir Kinder haben, die mittlerweile erwachsen sind, beginnen wir uns nun auf die Ankunft von Enkeln vorzubereiten – oder es sind vielleicht schon welche da. In diesem Lebensabschnitt als Großeltern freuen sich viele auch darauf, die junge Familie unterstützen.

Manche von uns konzentrieren sich nur auf die verschiedenen Generationen der eigenen Familie ...

Wir machen uns Gedanken darüber, wie wir in Zukunft leben wollen, jetzt, wo die Kinder ausgeflogen sind. Wieder einmal denken wir über eine Wohngemeinschaft nach – nur dieses Mal für Senioren. Einige konzentrieren sich ganz auf ihre eigenen Kinder und Enkelkinder, andere schließen sich Hilfsorganisationen an, engagieren sich in der Telefonseelsorge, leisten Alleinstehenden Gesellschaft oder finden eine andere kreative Möglichkeit, sich nützlich zu machen und dem größeren Wohl zu dienen.

... doch unser Hauptfokus kann auch auf dem Rest der Welt liegen.

50 bis 60 Jahre – Innere Kontemplation

Lebenskrisen

Mit Beginn der Menopause um etwa Mitte 50 gehört für Frauen nun die Möglichkeit, Kinder zu bekommen – bzw. weitere Kinder zu bekommen – unwiderruflich der Vergangenheit an. Die Hormone und der gesamte Körper verändern sich, und es zeigen sich die ersten Anzeichen des Alterns.

An diesem Punkt kann eine Kluft zwischen unserem inneren, emotionalen Alter und dem „äußeren" Alter, das andere sehen, entstehen. Viele Menschen fühlen sich innerlich jung, werden aber äußerlich als älter wahrgenommen. Dieser Widerspruch führt oft zu einer Krise. Wir wollen jung bleiben – und merken, dass die Lebensuhr tickt und wir mehr Jahre gelebt haben, als uns noch bleiben.

Es tun sich Blicke in die Zukunft auf ...

Lebensthemen
- Auszug der Kinder
- Enkel sind unterwegs
- Wir verwirklichen unsere Träume
- Wir geben unsere Erfahrungen weiter
- Gedanken über das Alter

KAPITEL 9
60 bis 70 Jahre – Vertiefung der Weisheit

Ein gestiegener Wohlstand und eine viel bessere Gesundheitsversorgung haben die durchschnittliche Lebenserwartung stark erhöht. Heute werden Frauen im Durchschnitt 83,3 und Männer 79,3 Jahre alt. Das bedeutet, dass wir heute viel mehr ältere Menschen haben als früher, darunter auch solche, die über 100 Jahre alt werden. Noch vor 30 Jahren besuchte der Bürgermeister die Bürger und Bürgerinnen über 100 an ihrem Geburtstag. Heutzutage ist das nicht mehr zu bewältigen – zu viele Menschen werden so alt. Heute treiben auch mehr Menschen bis ins hohe Alter Sport, was der Vitalität und der körperlichen Kraft zugute kommt. Das postmoderne Leben im Westen war gut für das alternde Gehirn: In der Gehirnforschung herrscht allgemeiner Konsens darüber, dass wir heutzutage in unseren Siebzigern in der Verfassung sind, in der wir früher in unseren Sechzigern waren.

Die Siebziger sind die neuen Sechziger ...

Dem Gehirn gehen weiterhin Neuronen verloren, und die Signalübertragung verlangsamt sich weiter. Die Amygdala in den Tiefen des limbischen Systems ist das Zentrum der Angstreaktionen. Ihre Aktivität nimmt ab. Und die Verarbeitung von mimischen Eindrücken verlagert sich weiter von der rechten zur linken Gehirnhälfte. Das bedeutet, dass wir die Emotionen anderer Menschen stärker als Information über sie selbst wahrnehmen, sodass sie sich nun weniger stark auf unsere eigene emotionale Verfasstheit auswirken.

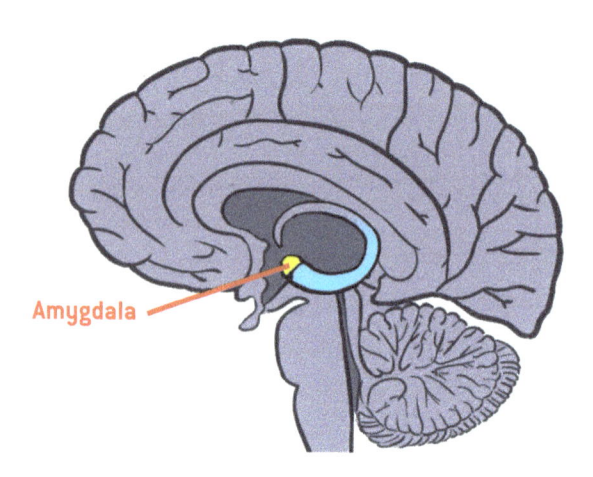

Amygdala

Das mag sich gelegentlich in weniger Empathie anderen gegenüber äußern, doch meist hat es die gegenteilige Wirkung. Wenn unsere Empathiefähigkeit gut entwickelt ist, fällt es uns in der Regel leichter, uns in andere einzufühlen, wenn wir uns weniger stark emotional identifizieren.

„Oh ja, die Armen – ich weiß noch, wie es uns damals ging."

Seltsamerweise nehmen die Lebenszufriedenheit und die positiven Emotionen ab dem sechzigsten Lebensjahr in der Regel zu. Das könnte mit der stärkeren Integration der Gehirnfunktionen zusammenhängen, mit der Entwicklung reifer psychologischer Reaktionen und mit den lebenslang bestehenden stabilen und bereichernden Beziehungen, die viele von uns im späten Erwachsenenalter noch haben. Sowohl die neuronale Integration als auch reife psychologische Reaktionen und langfristige emotionale Verbindungen fördern die Entwicklung von Weisheit.

Familie

Mittlerweile haben viele unserer Kinder eine eigene Familie. Sie kommen mit unseren Enkelkindern zu Besuch, die größer werden und in die Schule kommen. In einer Zeit, in der wir erst mit Ende 60 in Rente gehen, üben wir uns im Spagat zwischen Arbeit und großelterlichen Freuden. Wir können unsere Enkelkinder ohne die elterlichen Pflichten, die wir nun ja nicht mehr haben, ganz anders genießen. Wahrscheinlich wollen wir auch unsere Kinder etwas entlasten, die vielleicht gerade in ihren Dreißigern sind und versuchen, Kindererziehung und Beruf unter einen Hut zu bringen. Für viele ist es eine große Freude, die Zeit dafür zu haben, die nächste Generation aufwachsen zu sehen. Gleichzeitig haben wir weniger Energie zur Verfügung – wir müssen den Job als Großeltern also schon zeitlich etwas begrenzen!

Ich liebe es, mich um meine Enkel zu kümmern!

Konsolidierung und Abschluss langfristiger Lebensprojekte

In diesem Lebensjahrzehnt beginnen wir uns zu fragen, ob wir etwas erreicht haben, was wichtig genug ist, an die nächste Generation weitergegeben zu werden. Generell ist es eine Phase im Leben, in der wir uns mit der Frage beschäftigen, was mit uns sterben wird und was wir weitergeben können, solange wir noch die Kraft dazu haben.

Was wollen wir weitergeben, solange wir noch die Kraft dazu haben?

Lebenskrisen

Viele von uns erfahren die ersten Anzeichen körperlicher Gebrechlichkeit, zum Beispiel durch eine beginnende Arthritis, oder weil wir schlechter sehen oder hören. Zögerlich beginnen wir zu akzeptieren, dass das Leben nicht von ewiger Dauer ist und der Körper fragil. Das schränkt uns in unseren Möglichkeiten ein.

Das Leben ist nicht von ewiger Dauer … und der Körper auch nicht.

Lebensthemen
- Langsamer werden
- Zeit zum Träumen
- Zeit, um dem Wohl der Welt zu dienen
- Projekte abschließen
- Sich um Kinder und Enkel kümmern
- Dafür sorgen, dass wir im Alterungsprozess möglichst gesund bleiben

KAPITEL 10

70 bis 80 Jahre – Existenzielle Loslösung

Das Gehirn verliert weiterhin Neuronen und die Signalübertragung im Gehirn wird noch langsamer. Es fällt uns immer schwerer, neue Fähigkeiten zu erlernen. Die Ablagerungen im Gehirn sind ein bisschen wie Plaque auf den Zähnen und gelten als gesundheitsschädlich. Zwar wurde noch keine Bürste erfunden, um das Gehirngewebe zu putzen und aufzufrischen, aber es hat sich gezeigt, dass bestimmte Aktivitäten den Verlust von Neuronen bremsen können: Bewegung, Yoga und Achtsamkeit sind einige Beispiele dafür.

Leider ist die Reinigungsbürste für Gehirngewebe noch nicht erfunden.

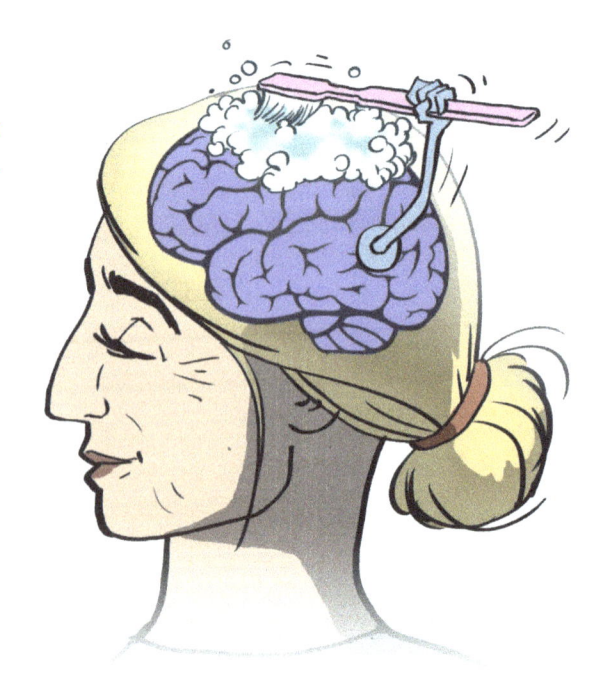

Weisheitsprozesse

Wir können uns ein Gefühl der Freude und persönlichen Integrität bewahren oder es sogar stärken, während uns bestimmte Fähigkeiten, Aktivitäten und Beziehungen, die uns wichtig sind, langsam abhandenkommen. Diese Phase beginnt mit etwa 70 Jahren und endet mit dem Tod. Wir erleben mehr und mehr Einschränkungen unserer körperlichen Funktionsfähigkeit und unserer Gesundheit.

Sowohl wir selbst als auch unsere Lieben werden immer gebrechlicher.

Je mehr wir uns dem Lebensende nähern, desto mehr unserer Lieben werden schwächer oder krank oder sterben. Dieses Geschehen erzeugt einen Sog in Richtung Verzweiflung. Andererseits erleben wir auf der simpelsten Seinsebene ein Gefühl von Kohärenz und Ganzheit.

Wir finden unseren Frieden mit dem Kreislauf von Geburt und Tod. Unsere Identität fühlt sich vollständig an. Das Gefühl der Integrität, das sich im Alter entwickelt, verlangt von uns, dass wir uns mit dem Leben, das wir gelebt haben, versöhnen. Eine neue Ebene wortloser Einsichten kommt zum Vorschein und ordnet und interpretiert die Konflikte aus früheren Phasen neu. Es bietet sich uns die Chance, unseren ganz persönlichen Weg zur Weisheit zu erkennen und zu respektieren.

Auf unserer Wanderschaft durchs Leben finden wir unseren Frieden mit dem Kreislauf von Geburt und Tod.

70 bis 80 Jahre – Existenzielle Loslösung

Das Erblühen der Weisheit zeigt sich in einer zu größerer Differenzierung und Reflexion fähigen Aufmerksamkeit und der Möglichkeit, mehrere Blickwinkel einzunehmen und zu halten. Diese Fähigkeiten führen zu wohlabgewogenen Schlussfolgerungen und fürsorglichem Denken und Handeln.

Das Alter bringt im Allgemeinen einen unvermeidlichen Rückgang des Engagements und bis zu einem gewissen Grad auch einen Rückzug aus der Gesellschaft mit sich. Die Kinder sind aus dem Haus, sie haben ihre eigene Familie gegründet und haben ihre eigenen Interessen. Körperliche Gebrechen schränken die Möglichkeiten stark ein, und viele unserer alten Freunde sind im Ruhestand. In dieser Entwicklungsphase geht es darum, sich nicht von den natürlichen Gefühlen von Verlust und Verzweiflung völlig vereinnahmen zu lassen. Stattdessen können wir sie verwandeln, indem wir weiterentwickeln, was uns am wichtigsten ist und worin wir am besten sind, und unsere wertvollen Beiträge – die uns vielleicht sogar überleben – an andere weitergeben. Wenn wir uns als Teil der Geschichte und Zukunft unserer Familie und vielleicht sogar als Teil der Menschheit erleben, können wir dem Verlustgefühl und der Verzweiflung des Alters einen Sinn geben und sie in die umfassendere Dimension der Weisheit einbetten.

Das Teilen von Lebenserfahrungen

Die Enkel wollen hören, wie es war, „als Oma jung war", und manche von uns haben in dieser Lebensphase den Wunsch, ihre Memoiren zu schreiben.

Geschichten wollen erzählt werden …

Wir denken oft darüber nach, was wir im Leben erreicht haben und haben selten das Gefühl, dass wir alles noch einmal von vorne angehen würden wollen. Es ist nicht mehr wichtig, sich selbst zu verwirklichen. Getan ist getan, geschehen ist geschehen, und wir blicken zurück, lassen die Vergangenheit Revue passieren und schließen mit ihr ab.

Alles was war, darf in die stillen Räume der Vergangenheit sinken …

Lebenskrisen

Der Verlust bestimmter Funktionen führt natürlicherweise zu einer Krise. Deshalb sagen viele ältere Leute auch: „Es ist wirklich nicht schön, alt zu werden." Vielleicht hören oder sehen wir irgendwann fast gar nichts mehr, oder wir werden auf eine Art und Weise senil, die uns selbst peinlich bewusst ist. Vielleicht beschäftigt uns die Frage, wie es wohl ist, völlig taub zu werden – oder dement.

Ein Hörverlust kann zu einem großen Problem werden …

Lebensthemen
- Gutes tun und Projekte an die nächsten Generationen weitergeben
- Gedankliche Beschäftigung mit den Enkeln und ihrem Leben und Beruf
- Krankheit
- Vulnerabilität
- Weniger Energie

70 bis 80 Jahre – Existenzielle Loslösung

KAPITEL 11
80 bis zum Tod – die Vorbereitung aufs Sterben

Das Lebensende und der Sterbeprozess

Noch mehr Neuronen und neuronale Verbindungen verschwinden, und die Übertragungsgeschwindigkeit nimmt noch stärker ab. Die Plaquebildung findet zwar schon seit Jahrzehnten statt, aber nun beschleunigt sie sich noch. Das Hirngewebe wird durch Narbengewebe ersetzt. Die Stützzellen des Gehirns, der Hippocampus und die tiefen Bereiche des Stirnlappens werden schwächer. All diese Prozesse machen es schwierig, sich an Ereignisse und Handlungen zu erinnern, die erst kürzlich stattgefunden haben. Wir sind in der Lage, Aufgaben auszuführen und geistige Haltungen einzunehmen, die wir vor Jahren gelernt haben, aber es fällt uns schwer, neue Fähigkeiten zu erlernen und zu automatisieren.

… aber die Liebe ist immer noch vorhanden.

Wenn unsere Lieben sterben

Sowohl kulturell als auch persönlich ist es eine große Aufgabe, mit der Tatsache Frieden zu schließen, dass wir sterben. Der Tod ist uns ein ständiger Begleiter. Der Partner bzw. die Partnerin stirbt. Lebenslange Freunde und Freundinnen sterben. Wertvoller persönlicher Besitz, vielleicht aus früheren Generationen, muss an andere weitergegeben werden. Viele von uns treffen sogar selbst die Entscheidungen, die ihre Beerdigung betreffen, einschließlich der Gestaltung des Beerdigungsrituals. Wir stehen an der Schwelle dazu, alles zu verlieren, was wir besitzen, alles, was wir waren, alles, was wir sind und alles, was wir wissen. Dies führt zu tiefen Reflexionen über unser Leben und den bevorstehenden Tod. Dieser Zustand erlaubt uns eine besondere und sehr intime Sicht auf eine Zukunft, an der wir nicht teilhaben werden. Er verleiht uns eine Vorstellung davon, wie unser Leben im Leben anderer, in Kindern und Enkeln, weitergeht und gibt uns auch einen Einblick darin, wie wir unseren Teil der Welt gestaltet oder zu ihm beigetragen haben, sei es über Bücher, Kunstwerke oder Musikstücke. Und wie wir – weniger sichtbar vielleicht – in den Herzen und Köpfen all jener weiterleben, mit denen wir in Berührung gekommen sind.

Unsere Herzen und Köpfe erinnern sich an die, die wir verloren haben.

Lebenskrisen

Eine der größten Lebenskrisen in dieser Phase ist die Angst vor dem geistigen Verfall und dem Tod. Doch für viele gebrechliche alte Menschen gibt es auch noch andere drohende Gespenster: die Abhängigkeit von anderen und die Notwendigkeit, Hilfe bei ganz alltäglichen Aufgaben annehmen zu müssen, die Einsamkeit, die mit dem Tod alter Freunde und Freundinnen wächst, und die Angst davor, vergessen zu werden.

Die Einsamkeit kommt mit dem Tod unserer Lieben

Unser eigenes Altern und Sterben

Ein weiterer Aspekt der Vorbereitung auf den Tod ist die Angst vor den möglichen körperlichen und seelischen Schmerzen, die viele Sterbeprozesse mit sich bringen. Schließlich ist da noch die Beziehung zum großen Geheimnis des Todes als solchem, zum großen Unbekannten, in das wir alle verschwinden. Menschen, die sich persönlich und beruflich mit Sterbeprozessen beschäftigen, wissen, dass wir ein tiefes Bedürfnis haben, uns mit unserer Sterblichkeit abzufinden, wenn nicht sogar uns mit ihr zu versöhnen. Es geht nicht darum, auf die „richtige" Art zu sterben. Wir müssen im Sterben keine Leistung erbringen. Vielmehr ist der Tod, wie die Geburt auch, ein intensiver Prozess individueller Verwandlung, und es ist wichtig, jedem Sterbeprozess, insbesondere dem eigenen, mit Präsenz und Feingefühl zu begegnen.

Sterbeprozesse können sehr unterschiedlich verlaufen. Manche sterben mehr oder weniger, ohne es zu merken, sei es durch einen plötzlichen Zusammenbruch oder in einem langsamen, leisen Dahinschwinden. Andere sehen sich mit den Themen konfrontiert, die sie im Leben nicht bewältigen konnten, die unerledigt geblieben sind, und die im Alter oder im Sterbeprozess abgeschlossen oder losgelassen werden müssen. Für wieder andere ist es ein bewusstes, friedliches und stilles Loslassen, bei dem die schlimmsten Schmerzen mit Medikamenten gelindert werden. Der Mensch, der ein Leben lang an unserer Seite war, ist vielleicht auch schon tot oder sitzt gerade neben uns. Es kann auch sein, dass wir allein sind, was oft am einfachsten für uns ist, wenn wir sterben. Unser Atem wird weich und ruhig und bleibt schließlich stehen. Es kehrt ein großer Friede ein. Das Unbekannte ist gegenwärtig.

– Im Außen geht das Leben weiter.

> Jedem Sterbeprozess – und ganz besonders unserem eigenen – gilt es mit Feingefühl zu begegnen.

Lebensthemen
- Zufriedenheit mit den Dingen, die uns nahe sind.
- Die Begleitung von Freunden und Freundinnen durch Krankheitsprozesse oder im Sterben
- Hilfsbedürftigkeit
- Besuche von Kindern und Enkeln
- Dankbarkeit für das, was war
- Der eigene Sterbeprozess

Zum Abschluss

Damit ist der Überblick über den Reifeprozess, der über unseren Lebensbogen hinweg stattfindet, abgeschlossen.

Das Leben ist ein Zyklus. Es beginnt damit, dass wir in rasantem Tempo die Entwicklungsstufen der Kindheit durchlaufen, und setzt sich in der Jugend in einem hektischen Reifungsprozess fort. Dann beginnt die langsamere, aber sehr beständige Weiterentwicklung des Erwachsenenalters. Im fünften Lebensjahrzehnt kommt es zu einer ersten Verlangsamung der Kommunikation in den neuronalen Netzwerken, die das Leben auf seinem Weg von der Geburt bis zum Tod schließlich wieder zum Stillstand kommen lässt.

In *Das neuroaffektive Bilderbuch* findet sich ein Überblick darüber, wie die ersten Lebensjahre unser Bindungsverhalten und unsere emotionale Entwicklung als Erwachsene beeinflussen. In *Das neuroaffektive Bilderbuch 2* haben wir die Bedeutung der Entwicklung im späteren Kindesalter und in der Jugend bis ins frühe Erwachsenendasein dargestellt.

In *Das Neuroaffektive Bilderbuch 3*, dem hier vorliegenden letzten Band der Trilogie, beschreiben wir die Entwicklungsphasen des Erwachsenenalters. So schließt sich der Kreis.

Es ist unsere Hoffnung, dass wir Ihnen als unseren Lesern und Leserinnen ein Gefühl für das lebenslange Zusammenspiel von Biologie, Kultur und persönlicher Reifwerdung im Verlauf des Lebenszyklus vermitteln konnten.

Danke, dass Sie diesen Weg mit uns gegangen sind!

Literatur

Erik H. Erikson. Jugend und Krise. 5. Aufl. 2003, erschienen am: 27.01.1998, Klett-Cotta ISBN · 978-3-608-91925-7

Erikson, Erik H.; Erikson, Joan M. (1997). *The Life Cycle Completed* (extended ed.). New York: W. W. Norton & Company (published 1998).

Erikson, Erik H. und Erikson, Joan M. Identität und Lebenszyklus. Frankfurt am Main: Suhrkamp, 1966

Bentzen, Marianne; Neuroaffektive Meditation. Grundlagen und praktische Anleitungen für Psychotherapie, Alltagsleben und spirituelle Praxis. G.P.Probst Verlag GmbH, Lichtenau/Westf., 2020

Hart, S. & Bentzen, M. (2012). *Voksenlivets udviklingsmuligheder: den neuroaffektive udviklings tredje vækstbølge og fordybelsen igennem eksistentielle mentaliseringsprocesser*. (The developmental possibilities of adulthood: the third growth wave of neuroaffective development and maturation through existential mentalization processes.)In: S. Hart (red.) *Neuroaffektiv psykoterapi med voksne*. København: Hans Reitzels Forlag.

www.worldvaluessurvey.org/wvs.jsp

Milton Keynes UK
Ingram Content Group UK Ltd.
UKHW050623041123
431882UK00001B/2